普通高等教育一流本科专业建设成果教材

过程装备控制技术及应用学习指导

余云松　张早校　吴　震　主编

化学工业出版社

·北京·

内容简介

本书为《过程装备控制技术及应用》教材的配套学习指导，每章介绍了该章的重点和难点，概述了基本知识点，列举了典型例题和实用案例，并补充了部分练习题；在封底的二维码中配套给出了本书练习题解答、《过程装备控制技术及应用》教材课后习题解答及常用术语中英文对照表。本书可供过程装备与控制工程专业本科和研究生使用，也可供有关院校石油、化工、能源、动力、环境工程等专业的学生使用，同时还可供从事过程装备与控制行业的工程技术人员参考。

图书在版编目（CIP）数据

过程装备控制技术及应用学习指导/余云松，张早校，吴震主编.—北京：化学工业出版社，2023.8

ISBN 978-7-122-43458-6

Ⅰ.①过… Ⅱ.①余… ②张… ③吴… Ⅲ.①过程控制-高等学校-教学参考资料 Ⅳ.①TP273

中国国家版本馆 CIP 数据核字（2023）第 081963 号

责任编辑：丁文璇　　　　　　　　　　　装帧设计：张　辉
责任校对：王　静

出版发行：化学工业出版社（北京市东城区青年湖南街 13 号　邮政编码 100011）
印　　刷：北京云浩印刷有限责任公司
装　　订：三河市振勇印装有限公司
787mm×1092mm　1/16　印张 10　字数 253 千字　　2023 年 11 月北京第 1 版第 1 次印刷

购书咨询：010-64518888　　　　　　　　售后服务：010-64518899
网　　址：http://www.cip.com.cn
凡购买本书，如有缺损质量问题，本社销售中心负责调换。

定　　价：39.00 元

>>> 前 言

随着科学技术的飞速发展，过程装备与控制工程专业的学生特别需要加强控制技术知识的学习，因此，作为本专业核心课的"过程装备控制技术及应用"，越来越受到人们的重视。国内已经有130余所院校设置了过程装备与控制工程专业，如何配合"过程装备控制技术及应用"专业核心课程教学，使大多数学生在控制理论基础知识了解不多的情况下，比较好地掌握过程控制及其应用的基本内容，成为任课教师探索教学研究与改革的重要课题。本教材为西安交通大学国家级一流本科专业建设成果教材。

为了帮助本科生、报考研究生的读者学好这门课程，加强能力培养，拓展知识面，补充由于教材篇幅所限而无法更详细介绍的知识点，本书编者根据多年教学经验和体会，参考了国内外大量同类教材，在《过程装备控制技术及应用典型题解析》基础上增加了每章知识的重点和难点、部分重点知识的例题和练习题，以及面向工程应用的实用案例，编写了《过程装备控制技术及应用学习指导》一书。

本书的章节划分与《过程装备控制技术及应用》教材相同。每章均分为以下几个部分：

（1）重点和难点。给出了读者应该加以注意和重点学习的内容要点，阐述了重点学习的方法，给出了本书的难点，可以帮助读者更容易理解每章内容。

（2）基本知识。给出了各章基本内容的归纳和总结，包括名词术语以及基本概念，并补充了部分解题需要的相关知识。

（3）例题解析。列举了大量的典型例题，通过例题的解答过程，使读者加深对基本概念的理解，掌握解题思路。

（4）实用案例。针对每章节的关键内容，设计了贴近实际的应用案例，帮助读者将所学知识应用于解决实际问题。

（5）思维拓展。增加了开放训练和模拟考核两部分内容。其中，开放训练以提高能力为目标，需要借助课外知识，创新融通知识才能作答，可以启发读者进一步思考。模拟考核以不定项选择题、填空题、判断题和作图题为主，侧重考查知识掌握情况，可以作为读者的自我考查，也可作为测试参考。

（6）练习题。这一部分和典型例题配合，给出了除教材练习题以外的补充练习题，以加深读者对相应章节知识的掌握程度。

在第7章和第8章应用设计部分不仅给出了部分过程控制应用专题设计例题过程分析，而且增加了工业设计案例，完全面向工程应用指导。

同时，本书还给出了练习题和教材中课后练习题的参考解答；为了帮助熟悉相关英文词汇，给出了部分常用中英文专业术语对照。这些都做成了电子附录放在封底的二维码中，方便学生学习。

参加本书编写工作的有余云松、张早校、吴震、吴小梅、王毅、侯雄坡，研究生张景峰、徐婉怡、高林、尧兢、朱鹏飞等收集和解答了部分习题。在编写过程中，编者从大量现有教材和参考书中得到许多启发，特此致谢。

由于编者学识水平、对教学改革的研究深度和认识水平有限，本书中难免有不妥之处，恳请读者批评指正。

编者

2023 年 3 月

>>> 目 录

第1章
控制系统的基本概念

1.1 重点和难点

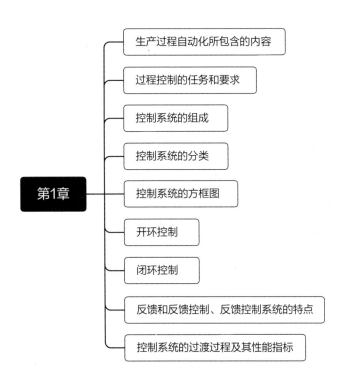

针对上述内容，结合自动控制原理的基础知识，重点在于完善对于控制系统设计体系的认知，包括控制性能要求、模型建立（传递函数、方框图）的基础、控制系统特点等。特别是结合已有的工艺知识、装备知识，以控制系统设计为目标，梳理控制系统基本概念在设计中的重要作用，厘清以方框图、反馈控制等为中心的控制基础知识架构。

基于工艺学、过程设备设计、过程流体机械的典型控制系统，难点在于分析这些控制系统的特征，例如方框图的构成、控制策略的构建等，从而实现各个知识点的整合，将知识融会贯通。

重点关注综合能力和工程伦理素养的提升，能力考查、知识点和学习重点的关系如表1-1所示。

表1-1　第1章能力考查、知识点和学习重点的关系

能力考查	知识点	学习重点
归纳总结	控制系统基本概念	典型控制系统
逻辑分析	控制系统设计要求	不同控制方案的设计方法
创新	基本概念和设计准则	应用新控制技术

1.2　基本知识

（1）名词术语

本章概括介绍了自动控制系统的基本概念。因此要通过学习熟练掌握自动控制的常用术语，例如：自动控制、自动控制系统、被控对象、测量元件和变送器、控制器、执行器、被控变量、给定值、测量值、操纵变量（或控制变量）、干扰（或外界扰动）、偏差信号、控制信号、定值控制系统、随动控制系统、程序控制系统、闭环控制、开环控制、反馈控制系统、发散振荡过程、等幅振荡过程、衰减振荡过程、非振荡的单调过程、最大偏差（或超调量）、衰减比、回复时间、余差、振荡周期等。

（2）闭环控制

闭环控制是指在控制系统中，系统输出信号的改变会返回影响操纵变量，所以操纵变量不是独立的变量，它依赖于输出变量。闭环控制系统最常见的形式为负反馈控制系统。

（3）对控制系统的基本要求

首先必须稳定，即稳定性。在绝对稳定的基础上，控制系统还必须具有一定的相对稳定性。其次，控制系统应具有恰当的响应速度，即快速性。同时，控制系统也应能使稳态误差减小到某一允许的最小值范围内，即准确性。

（4）控制系统的分类

按照给定值的特点，可分为定值控制系统、随动控制系统和程序控制系统。

按照系统输出信号对操纵变量的影响，可分为开环控制系统和闭环控制系统。

按系统的复杂程度，可分为简单控制系统和复杂控制系统。

按照系统克服干扰的方法，可分为反馈控制系统、前馈控制系统以及前馈反馈控制系统。

按照控制装置的不同，可分为常规控制系统和计算机控制系统。

1.3　例题解析

例 1-1　自动控制系统的基本任务是什么？

解 自动控制系统的基本任务是：根据被控对象和环境的特性，在各种干扰因素作用下，使系统的被控变量能够按照预定的规律变化。

例 1-2 控制系统对性能的基本要求有哪些？

① 稳定性。稳定性是决定一个控制系统能否实际应用的首要条件。不稳定的系统是无法使用的，系统激烈而持久的振荡会导致功率元件过载，甚至使设备发生故障，这是绝对不允许的。

② 准确性。准确性是衡量系统稳态精度的重要指标。对于一个稳定的系统，当瞬态过程结束后，系统的稳态误差要尽可能地小，即希望系统具有较高的控制准确度或控制精度。

③ 快速性。为了很好地完成控制任务，控制系统仅仅满足稳定性要求是不够的，还必须对其瞬态过程的形式和快慢提出要求，一般称为瞬态性能。通常希望系统的瞬态过程既要快又要平稳。

例 1-3 在生产过程中，为什么经常要求调节系统具有衰减振荡形式的过渡过程？

解 衰减振荡的过渡过程能使被控变量在受到干扰作用后重新趋于稳定，并且控制速度快、回复时间短。

例 1-4 什么是线性控制系统？什么是非线性控制系统？两者的差别是什么？

解 线性控制系统和非线性控制系统的含义和差别如下：

① 线性控制系统是指控制系统的所有元件、部件都是线性的，系统输入与输出之间可以用线性微分方程来描述。

② 非线性控制系统是指控制系统中存在非线性元件、部件，系统输入与输出之间需要用非线性微分方程来描述。

例 1-5 什么是复杂控制系统？它和简单控制系统的差别是什么？

解 工程上的控制系统常常比较复杂，它们可表现为系统中包含多个控制器、检测变送器或执行器，系统中存在多个回路或者存在多个输入信号和多个输出信号，通常称其为复杂控制系统。而简单控制系统只有一个回路，这是二者之间的主要区别。

例 1-6 什么是随动控制系统？随动控制系统的主要任务是什么？

解 控制系统的给定值是一个不断变化的信号，而且这种变化不是预先规定好的，即给定值的变化是随机的。这一类控制系统称为随动控制系统。

这类系统的主要任务是使被控变量能够迅速、准确地跟踪给定值，让被控变量以尽可能小的误差，以最快的速度跟随给定值变化，因此又称为自动跟踪系统。

例 1-7 试简单比较一下自动控制和人工控制。

解 在自动控制系统中，测量仪表、控制仪表、自动控制阀分别代替了人工控制中人的观察、思考和手动操作，因而大大降低了人的劳动强度；同时，由于仪表的信号测量、运算、传输、动作速度远远高于人的观察、思考和操作速度，因此自动控制可以满足信号变化速度快、控制要求高的要求。

例 1-8 某化学反应器工艺规定操作温度为（400±15）℃，考虑安全因素，调节过程中温度偏离给定值不得超过 60℃。现设计运行的温度定值调节系统，在最大阶跃干扰下的过渡过程曲线如图 1-1 所示。试求该过渡过程的最大偏差、余差、衰减比、过渡时间（按被控变量进入新稳态值的 ±2% 为准）和振荡周期，并说明该调节系统能否满足工艺要求。

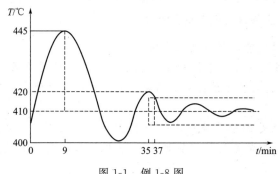

图 1-1 例 1-8 图

解 最大偏差 $A = 445 - 400 = 45$（℃）

余差 $C = 410 - 400 = 10$（℃）

第一个波峰 $B = 445 - 410 = 35$（℃）

第二个波峰 $B' = 420 - 410 = 10$（℃）

衰减比 $n = B/B' = 35/10 = 3.5$

新稳态值的 $\pm 2\%$ 范围为 $410 \times (\pm 2\%) = \pm 8.2$（℃），因此进入 $401.8 \sim 418.2$℃即可认为过渡过程结束，从图中可知过渡时间为 37min。

振荡周期 $T = 35 - 9 = 26$（min）

最大偏差 $A = 45$℃ < 60℃，所以该调节系统满足工艺要求。

例 1-9 自动控制系统按照其基本结构形式可分为几类？简述每一类型的基本含义。

解 自动控制系统按其基本结构形式，可根据系统输出信号对操纵变量的影响分为开环控制系统和闭环控制系统两大类。

开环控制系统是指控制器与被控对象之间只有前向控制而没有反向联系的自动控制系统。即操纵变量通过被控对象去影响被控变量，但被控变量并不通过自动控制装置去影响操纵变量。从信号传递关系上看，未构成闭合回路。

开环控制系统分为两种，一种按设定值进行控制，如图 1-2（a）所示。这种控制方式的操纵变量（蒸汽流量）与设定值保持一定的函数关系，当设定值变化时，操纵变量随其变化进而改变被控变量。另一种是按扰动进行控制，即前馈控制系统，如图 1-2（b）所示，图中的 FT 为流量变送器。这种控制方式是通过对扰动信号的测量，根据其变化情况产生相应的控制作用，进而改变被控变量。

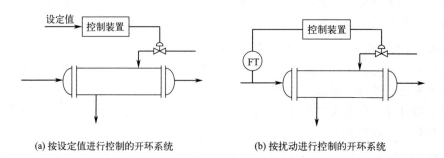

(a) 按设定值进行控制的开环系统　　　　　　(b) 按扰动进行控制的开环系统

图 1-2 开环控制系统

开环控制系统不能自动觉察被控变量的变化情况，也不能判断操纵变量的校正作用是否符合实际需要。

闭环控制系统则是指控制器与被控对象之间既有前向控制又有反向联系的自动控制系统。如图 1-3 即是一个闭环控制系统。图中控制器接收检测元件及变送器送来的温度测量信号，并与设定值相比较得到偏差信号，再根据偏差的大小和方向，调整蒸汽阀门的开度，改变蒸汽流量，使热物料出口温度回到设定值上。从控制系统方框图可以清楚看出，操纵变量（蒸汽流量）通过被控对象影响被控变量，而被控变量又通过自动控制装置去影响操纵变量。从信号传递关系上看，构成了一个闭合回路。

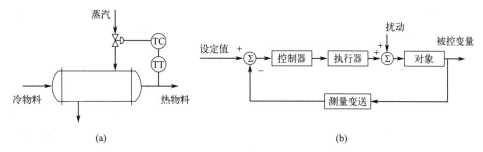

图 1-3 闭环控制系统

例 1-10 自动控制系统中的闭环控制系统，按设定值的不同可分为几种？

解 按照设定值的不同，闭环控制系统可分为以下类型：

① 定值控制系统。定值控制系统是指设定值恒定不变的控制系统。定值控制系统的作用是克服扰动对被控变量的影响，使被控变量最终回到设定值或其附近。

② 随动控制系统。随动控制系统的设定值是不断变化的。随动控制系统的作用是使被控变量能够尽快、准确地跟踪设定值的变化。

③ 程序控制系统。程序控制系统的设定值也是变化的，但它是一个已知的时间函数，即设定值按一定的时间程序变化。

例 1-11 什么是反馈？负反馈在自动控制中有什么重要意义？

解 在自动控制系统中，将系统（或环节）的输出信号直接或经过一些环节重新引回输入端的做法称为反馈。反馈信号的作用方向与设定值信号相反，即偏差信号为两者之差，这种反馈叫作负反馈；若偏差信号为两者之和，则为正反馈。

在控制系统中采用负反馈，是因为当被控变量受到扰动作用后，若使其升高，则反馈信号升高，经过比较，偏差信号将降低，此时控制器将发出信号而使执行器动作，施加控制作用，其作用方向与扰动作用方向相反，致使被控变量下降，这样就达到了控制的目的。

例 1-12 衰减振荡过程的品质指标有哪些？各自的含义是什么？

解 衰减振荡过程的品质指标主要包括：最大偏差、衰减比、余差、过渡时间、振荡周期等。

最大偏差：过渡过程中被控变量偏离设定值的最大数值。最大偏差描述了被控变量偏离设定值的程度，最大偏差越大，被控变量偏离设定值就越远，这对于工艺条件要求较高的生产过程是十分不利的。

衰减比 n：过渡过程曲线上同方向第一个波的峰值与第二个波的峰值之比。对于衰减振荡而言，n 总是大于 1 的。若 n 接近 1，控制系统的过渡过程曲线接近于等幅振荡过程。若 n 小于 1，则为发散振荡过程。n 越大，系统越稳定，当 n 趋于无穷大时，系统接近非振荡衰减过程。根据实际操作经验，通常 $n = 4 \sim 10$ 为宜。

余差：过渡过程终了时，被控变量所达到的新的稳态值与设定值之间的差值。余差是一个重要的静态指标，它反映了控制的精确程度，一般希望它为零或在预定的允许范围内。

过渡时间：控制系统受到扰动作用后，被控变量从原稳定状态回复到新的平衡状态所经历的最短时间。从理论上讲，对于具有一定衰减比的衰减振荡过程，要完全达到新的平衡状态需要无限长的时间，所以在实际应用时，规定为被控变量进入新的稳态值的±5%（或±2%）范围内且不再越出时所经历的时间。过渡时间短，说明系统恢复稳定快，即使干扰频繁出现，系统也能适应；反之，说明系统恢复稳定慢，在几个同向扰动作用下，被控变量就会大大偏离设定值而不能满足生产工艺的要求。一般希望过渡时间越短越好。

振荡周期：过渡过程同向两波峰（或波谷）之间的间隔时间。在衰减比相同的条件下，周期与过渡时间成正比。一般希望振荡周期短些为好。

例 1-13 什么是自动控制系统的过渡过程？在阶跃扰动作用下，控制系统的过渡过程有哪些基本形式？哪些过渡过程能基本满足自动控制的要求？

解 对于任何一个控制系统，扰动作用是不可避免的客观存在，系统受到扰动作用后，其平衡状态被破坏，被控变量就要发生波动，在自动控制作用下，经过一段时间，被控变量回复到新的稳定状态。系统从一个平衡状态进入另一个平衡状态之间的过程称为系统的过渡过程。

过渡过程中被控变量的变化情况与干扰的形式有关。在阶跃扰动作用下，其过渡过程曲线有以下几种形式。

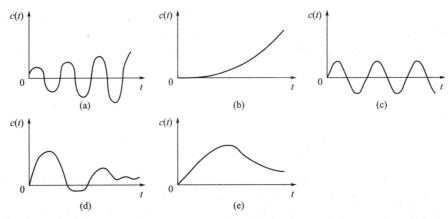

图 1-4 过渡过程的几种基本形式

- 发散振荡过程，如图 1-4(a) 所示。当系统受到扰动作用后，被控变量上下波动，且波动幅值逐渐增大，即被控变量偏离设定值越来越远，以至超过工艺允许范围。
- 非振荡发散过程，如图 1-4(b) 所示。当系统受到扰动作用后，被控变量在设定值的某一侧作非振荡变化，且偏离设定值越来越远，以至超过工艺允许范围。
- 等幅振荡过程，如图 1-4(c) 所示。当系统受到扰动作用后，被控变量作上下振幅恒定的振荡，即被控变量在设定值的某一范围内来回波动，而不能稳定下来。等幅振荡是系统稳定与不稳定的分界。
- 衰减振荡过程，如图 1-4(d) 所示。当系统受到扰动作用后，被控变量上下波动，且波动幅值逐渐减小，经过一段时间最终能稳定下来。
- 非振荡衰减过程，如图 1-4(e) 所示。当系统受到扰动作用后，被控变量在给定值的某一侧做缓慢变化，没有上下波动，经过一段时间最终能稳定下来。

在上述五种过渡过程形式中，非振荡衰减过程和衰减振荡过程都属于稳定过程，能基本满足控制要求。但由于非振荡衰减过程中被控变量达到新的稳态值的进程过于缓慢，致使被控变量长时间偏离给定值，所以一般不采用。只有当生产工艺不允许被控变量振荡时，才考虑采用这种形式的过渡过程。

例 1-14 什么是自动控制系统的方框图？它与工艺管道及控制流程图有什么区别？

解 自动控制系统的方框图是由传递方框、信号线（带有箭头的线段）、综合线、分支点构成的，表示控制系统组成和作用的图形。其中一个方框代表系统中的一个组成部分，方框内填入表示其自身特性的数学表达式；方框间用带有箭头的线段表示相互间的关系及信号的流向。方框图可直观地显示出系统中各组成部分以及它们之间的相互影响和信号联系，以便对系统特性进行分析和研究。而工艺管道及控制流程图则是在控制方案确定以后，根据工艺设计给出的流程图，按其流程顺序标注有相应的测量点、控制点、控制系统及自动信号、连锁保护系统。在工艺管道及控制流程图上，设备间的连线是工艺管线，表示物料流动的方向，与方框图中线段的含义截然不同。

例 1-15 某化学反应器工艺规定操作温度为（800±10）℃。为确保生产安全，在控制过程中温度最高不得超过850℃。现运行的温度控制系统在最大阶跃扰动下的过渡过程曲线如图 1-5 所示。试：①求出该过渡过程的最大偏差、余差、衰减比、过渡时间（按温度进入±2%新稳态值来确定）和振荡周期；②说明此温度控制系统是否满足工艺要求。

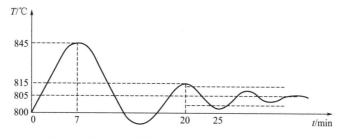

图 1-5　化学反应器温度控制系统的过渡过程曲线

解 根据过渡过程有关定义，在该温度控制系统的过渡过程中：

最大偏差：$A = 845 - 800 = 45$（℃）

余差：$C = 805 - 800 = 5$（℃）

衰减比：$n = (845 - 805)/(815 - 805) = 4$

过渡时间：$T_s = 25$（min）

振荡周期：$T = 20 - 7 = 13$（min）

由此可知，该温度控制系统可以满足工艺要求。

1.4　实用案例

案例 1-1 在石油化工生产过程中，常利用液态丙烯汽化吸收裂解气体的热量，使裂解气体的温度下降到规定的数值。图 1-6 是一个简化的丙烯冷却器温度控制系统。被冷却的物料是乙烯裂解气，其温度要求控制在（15±1.5）℃。如果温度太高，冷却后的气体会包含过多的水分，对生产造成有害影响；如果温度太低，乙烯裂解气会产生结晶析出，堵塞管道。试：①指出系统中被控对象、被控变量和操纵变量各是什么？②画出该控制系统的组成方框图。③比较控制系统图及它的方框图。说明操纵变量的信号流向与物料的实际流动方向的不同。

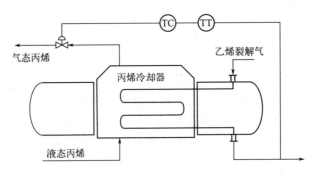

图 1-6　丙烯冷却器温度控制系统图

解　① 在丙烯冷却器温度控制系统中，被控对象为丙烯冷却器；被控变量为乙烯裂解气的出口温度，操纵变量为气态丙烯的流量。

② 该系统方框图如图 1-7 所示。

③ 在图 1-6 中，气态丙烯的流向是由丙烯冷却器流出。而在方框图 1-7 中，气态丙烯作为操纵变量，其信号的流向是指向丙烯冷却器的。

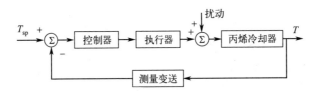

图 1-7　丙烯冷却器温度控制系统方框图

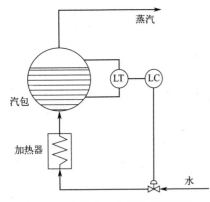

图 1-8　锅炉汽包水位控制示意图

案例 1-2　锅炉是化工、炼油等企业中常见的主要设备。汽包水位是影响蒸汽质量及锅炉安全的一个十分重要的参数。水位过高，会使蒸汽带液，降低蒸汽的质量和产量，甚至会损坏后续设备。而水位过低，轻则影响汽液平衡，重则烧干锅炉甚至引起爆炸。因此，必须对汽包水位进行严格的控制。图 1-8 是一类简单锅炉汽包水位控制示意图，要求：①画出该控制系统方框图。②指出该系统中被控对象、被控变量、操纵变量、扰动变量各是什么？③当蒸汽负荷突然增加，试分析该系统是如何实现自动控制的。

解　① 锅炉汽包水位控制系统方框图如图 1-9 所示。

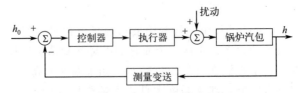

图 1-9　锅炉汽包水位控制系统方框图

② 被控对象：锅炉汽包；

被控变量：锅炉汽包水位；

操纵变量：锅炉给水量；

扰动量：冷水温度、压力、蒸汽压力、流量、燃烧状况等。

③ 当蒸汽负荷增加时，通过 LT 得出液位，然后把信号传送至液位控制器 LC，并与预先设定的水位信号进行比较得到两者的偏差，然后根据一定的控制算法对该偏差加以计算得到相应的控制信号，将该信号传送给执行器，执行器根据控制信号的大小调节给水阀，改变给水量。

案例 1-3 图 1-10 所示为一自力式贮槽水位控制系统。试：①指出系统中被控对象、被控变量、操纵变量是什么？②画出该系统的方框图。③分析当出水量突然增大时，该系统如何实现水位控制。

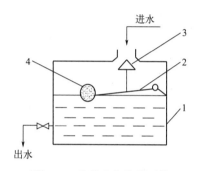

图 1-10 贮槽水位控制系统
1—贮槽；2—杠杆；3—针形阀；4—浮球

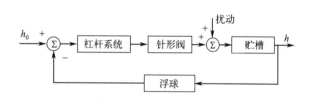

图 1-11 贮槽水位控制系统方框图
h—贮槽水位；h_0—贮槽希望保持的水位

解 ① 该系统中贮槽为被控对象；贮槽中水的液位为被控变量；进水流量为操纵变量。

② 贮槽水位控制系统方框图如图 1-11 所示。

③ 当贮槽的出水量突然增大，出水量大于进水量，水位下降，浮球随之下移，通过杠杆装置带动针形球阀下移，增大了进水量，使出水量与进水量之差随之减小，水位下降变缓，直至进水量与出水量又相等，水位停止下降，重新稳定在某一位置，实现了水位控制。

1.5 思维拓展

1.5.1 开放训练

① 查阅文献，总结最新计算机技术在能源化工等过程工业中的应用，说明这些技术的优势和不足。

② 分析如何从控制角度解决锅炉控制的"虚假水位"现象。

③ 了解国家原油储备库，分析其控制有何特色？

④ 如果需要提出新的控制概念，可以从哪几个角度考虑？试写出新的控制概念，并给出相应解释。

⑤ 人工智能技术如何更好应用于化工控制？

1.5.2 模拟考核

（1）不定项选择

① 工业生产对过程装备控制的要求是多方面的，最终可以归纳为（　　）。

A. 安全性　　　　　　　B. 经济性　　　　　　C. 稳定性　　　　　　D. 快速性

② 一个自动控制系统主要由（　　）组成。

A. 控制装置　　　　　　B. 比较器　　　　　　C. 被控对象　　　　　D. 干扰

③ 环节具有（　　），即任何环节既有"输入信号"，也有"输出信号"。

A. 闭环性　　　　　　　B. 单向性　　　　　　C. 反馈性　　　　　　D. 正向性

④ 控制系统根据控制器的控制规律来分类，可分为（　　）。

A. 比例控制系统　　　B. 比例积分控制系统　C. 比例微分控制系统　D. 微分控制系统

（2）填空题

① 在闭环控制系统中，系统输出信号的改变会返回影响（　　），即输出信号以（　　）方式送到控制器的输入端。

② 具有两个反馈回路的控制系统，工程上又称为（　　）。

③ 连续控制系统中所有（　　）之间信号的传递是不间断的，且（　　）之间存在着连续的函数关系，因而控制作用也是连续的。

④ 在控制系统中，（　　）反映了系统的控制精度：（　　），精度越高，控制质量就越好。

（3）判断题

① 方框图就是表示系统各单元、部件之间信号传递关系的一种数学图示模型。（　　）

② 由测量变送器输出的信号是被控变量的测量值。（　　）

③ 除操纵变量以外的各种因素称为干扰。（　　）

④ 描述控制系统的微分方程中，输入量、输出量及各阶导数都是一次的，则该方程代表的是线性控制系统。（　　）

（4）作图题

① 画出过渡过程的几种基本形式。

② 作出典型串级控制系统方框图。

③ 画出前馈反馈控制系统的结构。

④ 用图示法表示反馈的含义。

1.6　练习题

1-1　举例说明过程控制的任务。

1-2　简述被控对象、被控变量、操纵变量、扰动（干扰）量、设定（给定）值和偏差的含义？

1-3　一个简单控制系统主要由哪些环节组成？它们的作用是什么？

1-4　试说明控制作用与干扰作用两者的关系。

1-5　图 1-12 所示是一反应器温度控制系统示意图。A、B 两种物料进入反应器进行反应，通过改变进入夹套的冷却水流量来控制反应器内的温度保持不变。图中 TT 表示温度变送器，TC 表示温度控制器。试画出该温度控制系统的方框图，试指出该控制系统中的被控对象、被控变量、操纵变量及可能影响被控变量变化的扰动各是什么？

1-6　在下列过程中，哪些是开环控制？哪些是闭环控制？为什么？

①人驾驶汽车；②电冰箱温度控制；③浴室用电热水器的温度控制；④投掷铅球。

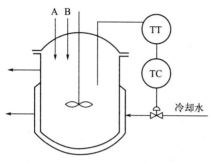

图 1-12　反应器温度控制系统简图

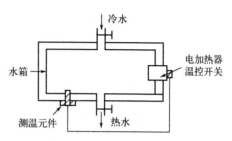

图 1-13　热水电加热器系统

1-7　设热水电加热器如图 1-13 所示。为了保持所希望的温度，由温控开关接通或断开电加热器的电源。在使用热水时，水箱中流出热水并补充冷水。试说明该系统的被控对象、输出量、输入量、工作原理，并画出系统原理方框图。

1-8　仓库大门的自动控制原理示意图如图 1-14 所示。试说明自动控制大门开关的工作原理并画出方框图。

图 1-14　大门自动开闭控制系统

1-9　乙炔发生器是利用电石和水来产生乙炔气的装置。为了降低电石消耗量，提高乙炔气的收率，确保生产安全，规定操作温度为（80±1）℃。控制过程中温度偏离给定值最大不能超过 5℃，现设计一定值控制系统，在阶跃扰动作用下的过渡过程曲线如图 1-15 所示。试确定该系统的最大偏差、衰减比、余差、过渡时间（按被控变量进入 ±2% 新稳态值即达到稳定来确定）和振荡周期等过渡过程指标，并判断该系统能否满足工艺要求？

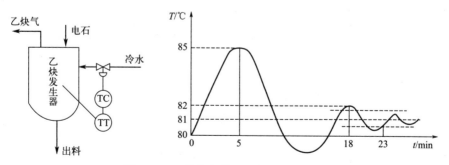

图 1-15　乙炔发生器及反应曲线示意图

1-10　图 1-16 所示是一压力自动控制系统。试指出该系统中的被控对象、被控变量、操纵变量和扰动变量，画出该系统的方框图。

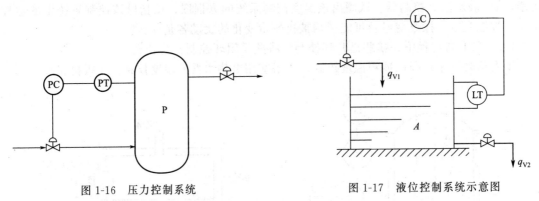

图 1-16　压力控制系统　　　　　　　　图 1-17　液位控制系统示意图

1-11　简述图 1-17 所示液位控制系统的工作原理并画出控制系统的框图。

1-12　某一电压表在稳定时能够准确显示被测电压值。在被测电压突然变化时，指针来回摆动，最后能够稳定在被测数值上。假定指示系统的衰减比为 4∶1。当电压突然由 0 上升到 220V 后，指针最高能摆到 252V。问经三次摆动，指针能到多少伏（即第三个波峰值）？

第2章
过程控制系统设计基础

2.1 重点和难点

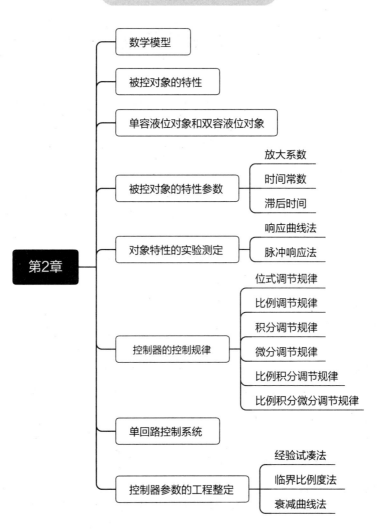

```
                  ┌─ 数学模型

                  ├─ 被控对象的特性

                  ├─ 单容液位对象和双容液位对象

                  │                        ┌─ 放大系数
                  ├─ 被控对象的特性参数 ─┼─ 时间常数
                  │                        └─ 滞后时间

                  │                        ┌─ 响应曲线法
   第2章 ─────────┼─ 对象特性的实验测定 ─┤
                  │                        └─ 脉冲响应法

                  │                        ┌─ 位式调节规律
                  │                        ├─ 比例调节规律
                  │                        ├─ 积分调节规律
                  ├─ 控制器的控制规律 ────┼─ 微分调节规律
                  │                        ├─ 比例积分调节规律
                  │                        └─ 比例积分微分调节规律

                  ├─ 单回路控制系统

                  │                        ┌─ 经验试凑法
                  └─ 控制器参数的工程整定 ┼─ 临界比例度法
                                           └─ 衰减曲线法
```

针对上述内容，根据已有的基础知识，重点加强数学模型、被控对象等核心知识的理解，可以从参数整定的现实需求，重点关注参数整定需要的各个环节特性、输入-输出关系。考虑到本章知识是分析控制系统性能的重要基础，仍以控制系统设计为目标，需要重点构建工程热力学、传热学、自动控制原理、化工原理等基础知识与控制系统设计的理论关联性，加深各门课程的融会贯通。

难点在于，除了掌握常规数学模型的建立方法、控制规律等基础知识以外，重要的是通过典型控制系统案例，尝试构建新的数学模型，并进行被控对象和控制规律的分析。

本章重点考查分析问题能力、逻辑思维能力和创新能力，能力考查、知识点和学习重点的关系如表 2-1 所示。

表 2-1 第 2 章能力考查、知识点和学习重点的关系

能力考查	知识点	学习重点
分析问题	被控对象及其特性	典型控制系统被控对象和控制规律分析
逻辑思维	参数整定方法	参数整定方法和理论推导
创新能力	控制规律	控制规律的应用

2.2 基本知识

(1) 名词术语

本章主要讲述简单控制系统以及一些工业常用复杂控制系统的结构特性，因此要掌握简单控制系统的常用术语，包括被控对象的静态特性和动态特性，被控对象的特性参数如放大系数、时间参数、滞后时间等，响应曲线法，脉冲响应法，比例调节规律，比例度，积分调节规律，微分调节规律，经验试凑法，临界比例度法，衰减曲线法等。

(2) 传递函数

零初始条件下系统（或环节）的输出拉普拉斯（Laplace）变换与输入拉普拉斯变换之比。

(3) 典型环节

比例环节、惯性环节、积分环节、微分环节、振荡环节和延迟环节。

(4) 被控对象的特性

被控对象的特性是指当被控对象的输入变量发生变化时，其输入变量随时间的变化规律，分为静态特性和动态特性。被控对象的特性可以用微分方程、图形、表格等来表示。

(5) 方框图等效变换

将控制系统中的一些环节按等价变换原则进行重新排列，称为方框图的等效变换。

(6) 单回路控制系统

又称为简单控制系统，是指由一个被控对象、一个检测元件及变送器、一个控制器和一个执行器所构成的闭合系统，是研究自动控制的基本形式。

(7) 控制器的控制规律

控制器的输出信号随输入信号变化的规律称为控制器的调节规律。控制器的作用就是将

测量变送信号与给定值相比较，产生偏差信号，然后按一定的运算规律产生输出信号，推动执行器，实现对生产过程的自动控制。

（8）对象特性的实验测定

给对象输入一个激励信号，使对象处于动态变化的过程中，然后根据测得的一系列的实验数据或曲线，进行数据分析和处理，从而得到对象特性参数的具体数值。主要包括时域分析法、频域分析法、统计分析法。

（9）单回路控制系统的设计步骤

① 了解被控对象及其性能需求；对被控对象做全面的了解。除被控对象的动静态特性外，对于工艺过程、设备等也需要做比较深入的了解。

② 综合考虑位置、技术和噪声等因素，选择测量变送器类型和数目。

③ 综合考虑位置、技术、噪声和功率等因素，选择执行机构的类型和数目。

④ 对被控对象、执行器和测量变送器建立线性模型。

⑤ 制定一个基于超前-滞后校正补偿或者 PID 控制的初步设计，如果满足要求，直接跳至步骤⑧。

⑥ 考虑通过改变过程本身来改进闭环控制性能。

⑦ 基于最优控制或其他标准进行尝试极点配置设计。

⑧ 对系统进行模拟，包括非线性、噪声和参数变化的效果。如果性能不达标，回到步骤①并重复上述步骤。

⑨ 进行样机测试。如果不达标，回到步骤①并重复上述步骤。

2.3 例题解析

例 2-1 实验测取对象特性常用的方法有哪些？各自有什么特点？

解 实验测取对象特性常用的方法有阶跃响应曲线法、矩形脉冲法。

阶跃响应曲线法是当对象处于稳定状态时，在对象的输入端施加一个幅值已知的阶跃扰动，然后测量和记录输出变量的数值，就可以画出输出变量随时间变化的曲线。根据这一响应曲线，再经过一定的处理，就可以得到描述对象特性的几个参数。阶跃响应曲线法是一种比较简单的方法。如果输入量是流量，只需突然改变阀门的开度，便可认为施加了一个阶跃扰动，同时还可以利用原设备上的仪表把输出量的变化记录下来，既不需要增加仪器设备，测试工作量也不大。但由于一般的被控对象较为复杂，扰动因素较多，因此，在测试过程中，不可避免地会受到许多其他扰动因素的影响，从而导致测试精度不高。为了提高精度就必须加大输入量的幅值，这往往又是工艺上不允许的。因此，阶跃响应曲线法是一种简易但精度不高的对象特性测定方法。

矩形脉冲法是当对象处于稳定状态时，在时间 t_0 突然加一幅值为 A 的阶跃扰动，到 t_1（$t_1 > t_0$）时突然除去，这时测得输出变量随时间变化的曲线，称为矩形脉冲特性曲线。矩形脉冲信号可以视为两个方向相反、幅值相等、相位差为 $t_1 - t_0$ 阶跃信号的叠加。可根据矩形脉冲特性曲线，用叠加法作图求出完整的阶跃响应曲线，然后就可以按照阶跃响应曲线法进行数据处理，最后得到对象的数学模型。采用矩形脉冲法求取对象特性，由于加在对象上的扰动经过一段时间后即被除去，因此，扰动的幅值可以取较大值，提高实验的精度。同

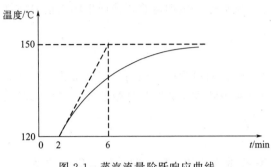

图 2-1　蒸汽流量阶跃响应曲线

时，对象的输出又不会长时间偏离设定值，因而对正常工艺生产影响较小。

例 2-2　为了测定某物料干燥筒的对象特性，在 t_0 时刻突然将加热蒸汽量从 $25\text{m}^3/\text{h}$ 增加到 $28\text{m}^3/\text{h}$，物料出口温度记录仪得到的阶跃响应曲线如图 2-1 所示。试写出描述物料干燥筒特性的微分方程（温度变化量作为输出变量，加热蒸汽量的变化量作为输入变量；温度测量仪表的测量范围 $0\sim200℃$；流量测量仪表的测量范围 $0\sim40\text{m}^3/\text{h}$）。

解　由阶跃响应曲线可知：

放大系数　$K=\dfrac{(150-120)/200}{(28-25)/40}=2$

时间常数　$T=6-2=4$（min）

滞后时间　$\tau=2\text{min}$

所以，描述物料干燥筒特性的微分方程为：

$$T\frac{\mathrm{d}\theta(t+\tau)}{\mathrm{d}t}+\theta(t+\tau)=Kq_{\mathrm{V}}(t)\Rightarrow 4\frac{\mathrm{d}\theta(t+2)}{\mathrm{d}t}+\theta(t+2)=2q_{\mathrm{V}}(t)$$

式中　θ——物料干燥筒温度变化量；

$\qquad q_{\mathrm{V}}$——加热蒸汽流量变化量。

例 2-3　已知某化学反应器的特性是具有纯滞后的一阶特性，其时间常数为 4.5min，放大系数为 8.5，纯滞后时间为 3.5min，试写出描述该对象特性的一阶微分方程式。

解　设 x 为输入变量，y 为输出变量，则根据题意可写出描述该对象特性的一阶微分方程式为：

$$4.5\frac{\mathrm{d}y(t+3.5)}{\mathrm{d}t}+y(t+3.5)=8.5x(t)$$

例 2-4　何为简单控制系统？试画出简单控制系统的典型方框图。

解　简单控制系统通常是指由一个被控对象、一个检测元件及传感器（或变送器）、一个控制器和一个执行器所构成的单闭环控制系统，因此有时也称为单回路控制系统。简单控制系统的典型方框图如图 2-2 所示。

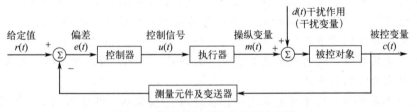

图 2-2　简单控制系统的典型方框图

例 2-5　试述自动控制系统中常用的控制规律及其特点和应用场合。

解　控制系统中常用的控制规律有比例（P）、比例积分（PI）、比例积分微分（PID）调节规律。

比例控制规律是控制器的输出信号与它的输入信号（给定值与测量值的偏差）成比例。它的特点是控制及时，克服干扰能力强，但在系统负荷变化后，控制结果有余差。这种调节规律适用于对象控制通道滞后较小、负荷变化不大、对控制要求不高的场合。

比例积分控制规律是控制器的输出信号不仅与输入信号成比例，而且与输入信号对时间的积分成比例。它的特点是能够消除余差，但是积分控制作用比较缓慢、控制不及时。这种调节规律适用于对象滞后较小、负荷变化不大、控制结果不允许有余差存在的系统。

比例积分微分控制规律是在比例积分的基础上再加上微分作用，微分作用是控制器的输出与输入的变化速度成比例，它对克服对象的容量滞后有显著的效果。这种调节规律适用于对象容量滞后较大、负荷变化大、控制质量要求较高的系统。

例 2-6　试确定图 2-3 所示系统中调节阀的气开、气关型式和控制器的正、反作用（图中为一冷却器出口物料温度控制系统，要求物料温度不能太低，否则容易结晶）。

解　由于被冷却物料温度不能太低，当调节阀膜头上气源突然中断时，应使冷剂阀处于关闭状态，以避免大量冷剂流入冷却器，所以应选择气开阀型式。

当冷剂流量增大时，被冷却物料出口温度是下降的，故该对象为"－"作用方向的，而气开阀是"＋"作用方向的，为使整个系统能起负反馈作用，故该系统中控制器应选"＋"作用的。当出口温度增加时，控制器输出增加，使调节阀开大，增加冷剂流量，从而自动地使出口温度下降，起到负反馈的作用。

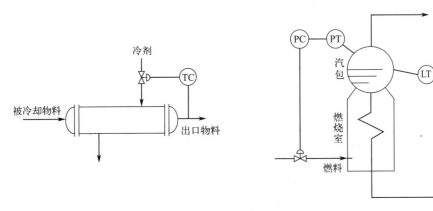

图 2-3　温度控制　　　　　　　　　图 2-4　锅炉汽包控制示意图

例 2-7　图 2-4 为锅炉汽包的压力和液位控制系统的示意图。试分别确定两个控制系统中调节阀的气开、气关形式及控制器的正、反作用。

解　在液位控制系统中，如果从锅炉本身安全角度出发，主要是要保证锅炉水位不能太低，则调节阀应选择气关型，以便当气源中断时，能保证继续供水，防止锅炉烧坏；如果从后续设备（例汽轮机）安全角度出发，主要是要保证蒸汽的质量，汽中不能带液，那么就要选择气开阀，以便气源中断时，不再供水，以免水位太高。本题假定是前者，调节阀选择为气关型，为"－"方向；当供水流量增加时，液位是升高的，对象为"＋"方向，故在这种情况下，液位控制器 LC 应为正作用方向。当调节阀因需要选为气开型时，则液位控制器应选为反作用方向。

在蒸汽压力控制系统中，一般情况下，为了保证气源中断时，能停止燃料供给，以防止烧坏锅炉，故调节阀应选择气开型，为"＋"方向；当燃料量增加时，蒸汽压力是增加的，故对象为"＋"方向。所以在这种情况下，压力控制器 PC 应选为反作用方向。

例 2-8 图 2-5 所示为 RC 电路，若已知 $R=5\Omega$，$C=2\mu F$，试：①写出该对象输出与输入变量之间的微分方程；②绘出 V_i 突然由 0V 阶跃变化到 5V 时 V_o 的变化曲线；③计算 $t=T$，$t=2T$，$t=3T$ 时的 V_o。

解 ① 对象的输出变量为 V_o，输入变量为 V_i。

根据基尔霍夫定律可得：

$$V_i = iR + V_o \tag{a}$$

消除中间变量 i，因为：

$$i = C \times \frac{dV_o}{dt} \tag{b}$$

式（b）代入式（a），则得：

$$RC\frac{dV_o}{dt} + V_o = V_i \tag{c}$$

此即为 RC 电路的微分方程。

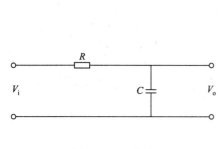

图 2-5 RC 电路

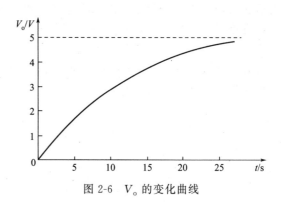

图 2-6 V_o 的变化曲线

② 由描述 RC 电路特性的式（c）可得方程解为：

$$V_o = V_i(1 - e^{-t/RC})$$

由方程解可得到如下数据：

$t=0$，$V_o=0V$
$t=2$，$V_o=0.9V$
$t=5$，$V_o=1.96V$
$t=10$，$V_o=3.16V$
$t=15$，$V_o=3.88V$
$t=20$，$V_o=4.32V$
$t=\infty$，$V_o=5V$

由此可画出 V_o 的变化曲线，如图 2-6 所示。
③ 在 $t=T$ 时，$V_o=0.632V_i$；
$t=2T$ 时，$V_o=0.865V_i$；
$t=3T$ 时，$V_o=0.95V_i$。

例 2-9 某Ⅲ型电动比例控制器的测量范围为 $100\sim200℃$，其输出为 $4\sim20mA$。当温度从 140℃ 变化到 160℃ 时，测得控制器的输出从 3mA 变化到 7mA。试求该控制器的比例度。

解 由比例度的定义得到该控制器比例度为：

$$\delta = \frac{(160-140)/(200-100)}{(7-3)/(20-4)} \times 100\% = 80\%$$

例 2-10 一台电动比例式温度控制器的测量范围为 $0\sim1000℃$，控制器的输出范围为 $4\sim20\text{mA}$。当指示值变化 $100℃$，控制器的比例度为 50% 时，求相应的控制器输出将变化多少？当指示值变化多少时，控制器输出变化达到全范围？

解 由比例度的定义：

$$\delta = \frac{\Delta e/(e_{max}-e_{min})}{\Delta u/(u_{max}-u_{min})}\times100\%$$

代入有关数值：

$$0.5 = \frac{100/(1000-0)}{\Delta u/(20-4)}$$

解得相应的控制器输出变化为 $\Delta u = 3.2\text{mA}$

根据比例度的定义，当 $e = 0.5\times1000 = 500$（℃）时，控制器输出范围达到全范围。

例 2-11 有一个蒸汽加热器温度控制系统，当电动Ⅲ型控制器手动输出电流从 6mA 突然增加到 8mA 时，加热器温度从原先的 $85.0℃$ 上升到新的稳定值 $87.8℃$。所用测温仪表量程为 $50\sim100℃$。试验测得反应曲线的纯滞后时间 $\tau = 1.2\text{min}$，时间常数 $T_0 = 2.5\text{min}$。如果采用 PI 控制器，其整定参数应为多少？如果改用 PID 控制器，其整定参数又应是多少？

解 由已知条件可以计算出：$\Delta u = 8-6 = 2$（mA）
由Ⅲ型仪表：$u_{max}-u_{min} = 20-4 = 16$（mA）
而输出变化：$\Delta y = 87.8-85 = 2.8℃$
$$y_{max}-y_{min} = 100-50 = 50$（℃）$$
则由比例度的定义得：

$$K_0 = \frac{2.8/50}{2/16} = 0.448$$

表 2-2 根据反应曲线法整定控制器参数的经验公式

控制器类型	控制器参数		
	比例度 $\delta/\%$	积分时间 T_I/min	微分时间 T_D/min
P	$(K_0\tau/T_0)\times100\%$	—	—
PI	$(1.1K_0\tau/T_0)\times100\%$	3.3τ	—
PID	$(0.85K_0\tau/T_0)\times100\%$	2τ	0.5τ

根据反应曲线法整定控制器参数的经验公式（见表 2-2），当采用 PI 控制器时，比例度为：

$$\delta = (1.1K_0\tau/T_0)\times100\% = (1.1\times0.448\times1.2/2.5)\times100\% = 23.7\%$$

积分时间：$T_I = 3.3\tau = 3.3\times1.2 = 3.96\text{min}$

当采用 PID 控制器时：

比例度：$\delta = (0.85K_0\tau/T_0)\times100\% = (0.85\times0.448\times1.2/2.5)\times100\% = 18.3\%$

积分时间：$T_i = 2\tau = 2\times1.2 = 2.4$（min）

微分时间：$T_D = 0.5\tau = 0.5\times1.2 = 0.6$（min）

例 2-12 已知被控对象为二阶惯性环节，其传递函数为：

$$G(s) = \frac{1}{(5s+1)(2s+1)}$$

测量装置和调节阀的特性为：

$$G_m(s) = \frac{1}{10s+1}, \quad G_v = 1.0$$

广义对象的传递函数为：

$$G_p(s) = G_v(s)G(s)G_m(s) = \frac{1}{(5s+1)(2s+1)(10s+1)}$$

图 2-7 表示其阶跃响应曲线。请用动态特性参数法和稳定边界法整定控制器。

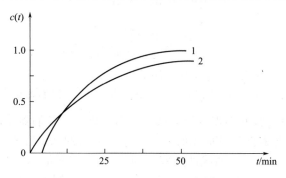

图 2-7　例 2-12 阶跃响应曲线

1—广义对象阶跃响应曲线；2—近似的带纯滞后的一阶环节的阶跃响应曲线

解　由阶跃响应曲线可以得到近似的带纯滞后的一阶环节特性为：

$$G_p(s) = \frac{1}{20s+1}e^{-2.5s}$$

利用柯恩-库恩参数整定公式，求得结果见表 2-3。

表 2-3　柯恩-库恩参数整定公式计算结果

控制器	K_C	T_I	T_D
P	8.3		
PI	7.3	6.6	
PID	10.9	5.85	0.89

下面用稳定边界法整定控制器参数。首先令控制器为比例作用，比例带从大到小改变，直到系统呈现等幅振荡，此时的比例带为 δ_σ，同时由曲线测得临界振荡周期 T_σ。按整定参数计算公式，计算得控制器整定参数值见表 2-4。

表 2-4　稳定边界法整定控制器参数结果

控制器	K_C	T_I	T_D
P	6.3		
PI	5.7	12.62	
PID	7.4	7.57	1.89

其实，在对象传递函数已知的情况下，可以直接计算出 δ_σ 和 T_σ。例如对本题中的广义对象而言，在纯比例控制器作用的情况，由下式：

$$\arctan(-5\omega_\sigma) + \arctan(-2\omega_\sigma) + \arctan(-10\omega_\sigma) = -\pi$$

可直接求得临界振荡频率 $\omega_\sigma = 0.415$，对应的临界振荡周期 $T_\sigma = 2\pi/\omega_\sigma = 15.14$。

另外，由下式：

$$\frac{K_\sigma}{\sqrt{(5\omega_\sigma)^2+1}\sqrt{(2\omega_\sigma)^2-1}\sqrt{(10\omega_\sigma)^2+1}}=1$$

求得临界比例增益 $K_\sigma=12.6$。

2.4 实用案例

案例 2-1 某热力过程如图 2-8 所示，加热装置采用电能加热，给容器输入热流量 Q_i，容器的热容为 C，容器中液体的比热容为 c_p。流量为 q_V 的液体以 T_i 的入口温度流入，以 T_c 的出口温度流出（T_c 同时也是容器中液体的温度）。设容器所在的环境温度为 T_o。试求该过程输出量 T_c 与热流量 Q_i、液体入口温度 T_i，以及环境温度 T_o 之间的数学关系。

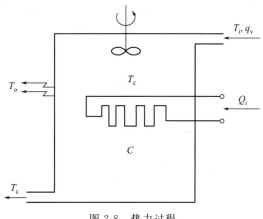

图 2-8 热力过程

解 该过程的输入热量有两部分：一部分是电能加热输入的热流量 Q_i，另一部分是流入容器的液体所携带的热流量 $q_V c_p T_i$。同时，流出容器的液体又将 $q_V c_p T_c$ 的热流量带出，容器还向四周环境散发热量。散发的热量一般与容器的散热表面积（设为 A）、保温材料的传热系数（设为 K_r）以及容器内外的温差成正比关系。

由能量动态平衡关系，即单位时间内进入容器的热量与单位时间内流出容器的热量之差等于容器内热量贮存的变化率，可得：

$$Q_i+q_V c_p T_i-q_V c_p T_c-K_r A(T_c-T_o)=C\frac{\mathrm{d}T_c}{\mathrm{d}t}$$

将上式写成增量形式，并考虑在稳态时进入容器的热量与流出容器的热量相等，容器中液体的温度 T_c 应保持不变，即 $\dfrac{\mathrm{d}T_c}{\mathrm{d}t}=0$，于是：

$$\Delta Q_i+q_V c_p \Delta T_i-q_V c_p \Delta T_c-K_r A(\Delta T_c-\Delta T_o)=C\frac{\mathrm{d}\Delta T_c}{\mathrm{d}t}$$

上式中，$q_V c_p=K_p$ 称为液体的热量系数。令 $K_r A=\dfrac{1}{R}$，R 称为热阻，对上式进行整理得：

$$C\frac{\mathrm{d}\Delta T_c}{\mathrm{d}t}+K_p \Delta T_c=\Delta Q_i+K_p \Delta T_i-\frac{\Delta T_c-\Delta T_o}{R}$$

化简为

$$C\frac{\mathrm{d}\Delta T_c}{\mathrm{d}t}+\left(K_p+\frac{1}{R}\right)\Delta T_c=\Delta Q_i+K_p \Delta T_i+\frac{1}{R}\Delta T_o$$

这就是上述过程的数学描述。

案例 2-2 图 2-9 所示的换热器，用蒸汽将进入其中的冷水加热到一定温度，生产工艺要求热水温度维持恒定（$\Delta\theta\leqslant\pm1℃$）。试设计一简单温度控制系统，指出控制器的类型。

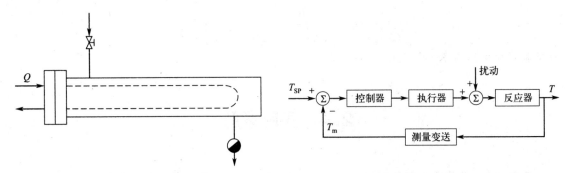

图 2-9 列管式换热器   图 2-10 温度控制系统的结构方框图

解 由于列管式换热器液体流经的时间较长，故滞后时间稍大，而且该工艺允许有余差，故可以采用比例积分微分（PID）调节规律。该温度控制系统的结构方框图如图 2-10 所示。

案例 2-3 图 2-11 所示为一串接并联式双容液位槽，设 Q_1 为过程输入量，第二个液位槽的液位 h_2 为过程输出量，若不计第一个与第二个液位槽之间液体输送管道（长度为 l）所造成的时间延迟，试求 h_2 与 Q_1 之间的数学描述。

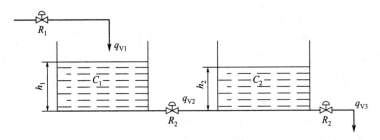

图 2-11 串接双容液位过程

解 根据动态物料平衡关系，可得如下增量化方程：

$$\Delta q_{V1} - \Delta q_{V2} = C_1 \frac{\mathrm{d}\Delta h_1}{\mathrm{d}t} \tag{a}$$

$$\Delta q_{V2} - \Delta q_{V3} = C_2 \frac{\mathrm{d}\Delta h_2}{\mathrm{d}t} \tag{b}$$

式中，q_{V1}、q_{V2}、q_{V3} 为流过阀 1、阀 2、阀 3 的流量；C_1、C_2 为槽 1、槽 2 的液容系数；h_1、h_2 为槽 1、槽 2 的液位。

设阀 2、阀 3 的液阻分别为 R_1、R_2，可近似认为：q_{V3} 与 R_3 成反比，与 h_2 成正比；q_{V2} 则与 R_2 成反比，与 $h_1 - h_2$ 成正比。故有

$$\Delta q_{V2} = \frac{\Delta h_1 - \Delta h_2}{R_2} \tag{c}$$

$$\Delta q_{V3} = \frac{\Delta h_2}{R_3} \tag{d}$$

将式（c）、式（d）代入式（a）和式（b），整理可得：

$$T_1 T_2 \frac{\mathrm{d}^2 \Delta h_2}{\mathrm{d}t^2} + (T_1 + T_2 + T_{12}) \frac{\mathrm{d}\Delta h_2}{\mathrm{d}t} + \Delta h_2 = K_0 \Delta q_{V1}$$

相应传递函数为：

$$G(s) = \frac{H_2(s)}{q_{V1}(s)} = \frac{K_0}{T_1 T_2 s^2 + (T_1 + T_2 + T_{12})s + 1}$$

式中，T_1 为槽 1 的时间常数，$T_1 = R_2 C_1$；T_2 为槽 2 的时间常数，$T_2 = R_3 C_2$；T_{12} 为槽 1 与槽 2 关联时间常数，$T_{12} = R_3 C_1$；K_0 为过程的放大系数，$K_0 = R_3$。

根据 $Q_1 = q_{V1}$ 知，上式即为 h_2 与 Q_1 之间的数学描述。

2.5　思维拓展

2.5.1　开放训练

① 控制技术工程整定方法能否互相转换，存在的可能性和瓶颈问题是什么？

② 数字孪生技术是新发展的一类技术，试分析其在复杂化工过程建模的意义，能否改进目前建模的方式方法。

③ 控制器和执行器一体化的主要进展有哪些？

④ 如何快速解决控制延迟问题？

⑤ PID 控制改进的策略有哪些，如何从物理装置上实现？

2.5.2　模拟考核

（1）不定项选择

① 动态特性有多种表示方法，可以分为（　　）。

A. 图示　　　　　　　B. 微分方程　　　　　　C. 传递函数　　　　　　D. 频率特性

② 构成系统方框图的各基本环节可划分为（　　）。

A. 比例　　　　　　　B. 惯性　　　　　　　　C. 积分　　　　　　　　D. 二次函数

③ 自动控制系统和模拟自动控制器都是根据（　　）而设计的。

A. 反馈原理　　　　　B. 微分方程　　　　　　C. 数学模型　　　　　　D. 传递函数

④ 方框图的等效变换规则，可分为（　　）。

A. 分点逆矢移动　　　　　　　　　　　　B. 分点顺矢移动

C. 合点逆矢移动　　　　　　　　　　　　D. 合点顺矢逆矢移动

（2）填空题

① 传递函数包含着联系输入和输出所必需的信息，但不能表明系统的（　　）和（　　）。

② 自动控制系统方框图的环节之间有（　　）、（　　）和（　　）三种基本连接方式。

③ 当被控对象的输入变量发生变化时，其输出变量随时间的变化规律，称为（　　）。

④ 二阶被控对象的两个关键参数为（　　）和（　　）。

（3）判断题

① 传递函数的定义为初始条件下系统（或环节）的输出拉普拉斯变换与输入拉普拉斯变换之比。（　　）

② 对于复杂的被控对象，直接用传递函数来建立模型是比较困难的。（　　）

③ 对干扰通道而言，如果 K 较小，即使干扰幅值很大，也不会对被控变量产生很大的影响。（　　）

④ 滞后时间是描述对象滞后现象的动态参数。根据滞后性质的不同可分为时间滞后和容量滞后两种。（　　）

（4）作图题

① 作图表示时域响应的测定分析方法。

② 作出实际微分控制的阶跃响应曲线图。

③ 画出精馏过程控制系统的方框图。

④ 用图示法表示 PID 控制器的阶跃响应曲线。

2.6 练习题

2-1　什么是被控对象特性？为什么要研究对象特性？

2-2　对象的纯滞后和容量滞后各是什么原因造成的？对控制过程有什么影响？

2-3　某水槽如图 2-12 所示。其中 A 为槽的截面积。R_1、R_2 和 R_3 均为定常水阻，q_{V1} 为流入量，q_{V2} 和 q_{V3} 为流出量。要求：写出以水位 H 为输出量，q_{V1} 为输入量的对象动态方程。

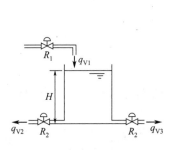

图 2-12　水槽示意图

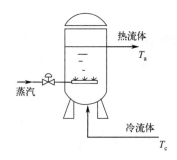

图 2-13　直接蒸汽加热器

2-4　图 2-13 所示为一直接蒸汽加热器。其作用是将温度为 T_c 的冷流体用蒸汽进行直接加热，获得温度为 T_a 的热流体。图中冷流体的流量为 G，蒸汽流量为 W。试建立热流体温度 T_a 与冷流体温度 T_c 及蒸汽流量 W 的微分方程（设加热器散热量很小，忽略不计）。

2-5　有甲乙两被控对象，经调试其数学模型分别是 $5\mathrm{d}Y_1(t)/\mathrm{d}t + Y_1(t) = X_1(t)$ 和 $10\mathrm{d}Y_2(t)/\mathrm{d}t + Y_2(t) = X_2(t)$，现分别输入单位阶跃扰动信号。试：①分别绘出两被控对象的响应曲线；②指出两对象的放大系数 K_1、K_2，时间常数 T_1、T_2 各为何值；③分析两对象中的放大系数 K、时间常数 T 对输出有何影响。

2-6　已知一个对象特性是具有纯滞后的一阶特性，其时间常数为 5，放大系数为 10，纯滞后时间为 2。试写出描述该对象特性的一阶微分方程式。

2-7　何谓比例控制器的比例度？用一个 DDZ-Ⅲ型比例控制器来控制液位时，其液位的测量范围为 $0\sim1.2\mathrm{m}$，液位变送器的输出范围 $4\sim20\mathrm{mA}$。当液位指示值从 0.4m 增大到 0.6m 时，比例控制器的输出从 4mA 增大到 6mA。试求控制器的比例度及放大系数。

2-8　某一过程控制系统，采用临界比例度法进行控制器参数整定，测得系统出现等幅振荡时，比例度为 12%，其临界振荡周期为 180s，试求采用 PID 控制器时其整定参数值。

2-9　对象特性时域测定时应注意哪些问题？

2-10 位式控制的优缺点有哪些，试简要说明。

2-11 比例控制中比例度对系统过渡过程有哪些影响？试简要说明。

2-12 积分控制为什么不能单独使用？

2-13 如何对控制方法进行选取？

2-14 控制系统的被控变量选择至关重要，请问该如何选择被控变量？

2-15 滞后有几种？该如何克服？

2-16 描述简单对象特性的参数有哪些？各有何物理意义？

第3章
复杂控制系统

3.1 重点和难点

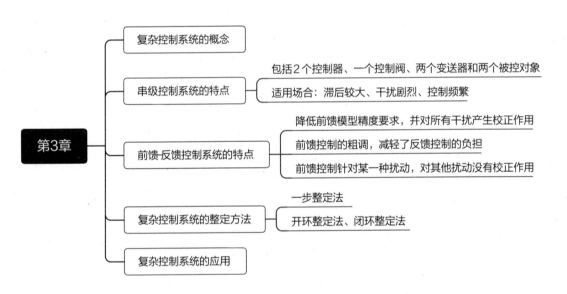

针对上述内容，根据第 1 章、第 2 章的单回路控制系统的基础知识，加强前馈-反馈、串级控制系统的理解，重点从前馈特性、主回路和副回路的关系等强化理解复杂控制系统的优势和不足。由于复杂控制系统较为烦琐，因此对于复杂控制系统的方案设计和硬件设计，也变得有挑战度，通过查阅文献，重点理解典型复杂控制系统在实际过程的应用。

难点在于掌握复杂控制系统的应用策略，参数整定方法以及它们对于控制性能的影响。

本章重点考查分析问题能力、创新能力和敢于挑战的奋斗精神，能力考查、知识点和学习重点的关系如表 3-1 所示。

表 3-1　第 3 章能力考查、知识点和学习重点的关系

能力考查	知识点	学习重点
分析问题	不同复杂控制系统	同一个被控对象或被控过程的不同控制方案
创新能力	参数整定方法	复杂控制系统和单回路的参数整定的区别
敢于挑战	复杂控制系统设计	控制系统设计思路

3.2　基本知识

(1) 串级控制系统

串级控制系统是指由两个控制器、一个调节阀、两个变送器和两个对象组成的控制系统。其最主要的特点是两个控制器控制一个调节阀，适用于当对象的滞后较大，干扰比较剧烈、频繁的对象。

(2) 前馈控制系统

通过测量干扰的变化，经控制器的控制作用，直接克服干扰对被控变量的影响，即使被控变量不受干扰或少受干扰的影响，这种控制方式组成的控制系统称为前馈控制系统。

(3) 分程控制系统

单回路控制系统是由一个控制器的输出带动一个调节阀动作的。在生产过程中，有时为了维持一个被控参数的工艺要求，需要改变几个控制参数。这种由一个控制器的输出信号分段分别控制两个或两个以上调节阀动作的系统称为分程控制系统。

(4) 选择性控制系统

选择性控制是把生产过程中的限制条件所构成的逻辑关系，叠加到正常的自动控制系统上去的一种组合控制方法。即在一个过程控制系统中，设有两个控制器（或两个以上的变送器），通过高、低值选择器选出能适应生产安全状况的控制信号，实现对生产过程的自动控制。当生产过程趋近于危险极限区，但还未进入危险区时，一个用于控制不安全情况的控制方案通过高、低选择器将取代正常生产情况下工作的控制方案（正常控制器处于开环状态），直至生产过程重新恢复正常，然后，又通过选择器使原来的控制方案重新恢复工作。

(5) 均匀控制系统

均匀控制系统是指具有能使被控量与控制量在一定范围内均匀缓慢变化的特殊功能的控制系统，特点是在工艺允许的范围内，前后装置或设备供求矛盾的两个参数都是变化的，其变化是均匀缓慢的。

(6) 比值控制系统

即实现两个或两个以上参数符合一定比例关系的控制系统，包括定比值控制系统和变比值控制系统。定比值控制系统的一个共同特点是系统以保持两物料流量比值一定为目的，比值器的参数经计算设置好后不再变动，工艺要求的实际流量比值 r 也就固定不变。变比值控制系统是按照某一工艺指标自动修正流量比值的控制系统。

(7) 一步整定法

一步整定法，就是根据经验先将副控制器一次放好，不再变动，然后按一般单回路控制

系统的整定方法直接整定主控制器参数。

（8）积分饱和防止措施

① 限幅法。即对积分反馈信号进行限制，使控制阀工作在设定的信号范围内，而不会陷入工作死区。

② 积分切除法。即切除控制器中的积分作用（当控制器处于开环工作状态时）。

③ 外反馈法。由于控制器处于开环工作状态时，无法反馈控制器的偏差是否过大或过小，从而造成具有积分作用的控制器不断积累偏差。针对此，可采用外反馈法，即用外部信号作为控制器的反馈信号，而反馈信号不是输出信号本身，就不会形成对偏差的积分作用。注意：外反馈法只适用于气动控制器。

3.3 例题解析

例 3-1 已知某炼化系统的换热过程示意图（如图 3-1 所示），进口物料流量经常有波动变化，对出口物料要求实现精确的温度控制，试为该换热过程设计控制系统：①进行换热过程的控制系统设计；②分析该控制系统的工作过程。

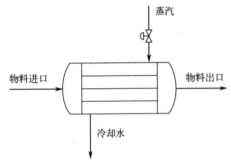

图 3-1 换热过程示意图

解 ① 考虑进口物料流量经常有波动，同时对出口物料要求高精度温度控制，因此可将控制系统设计为前馈-反馈控制系统，前馈控制能够实现对进口物料的初步控制，反馈能够通过反馈回路实现温度精确控制。

② 在该控制系统中，通过前馈补偿器解决进口物料流量波动干扰问题，实现粗调；基于温度反馈，通过蒸汽调节阀控制蒸汽流量实现温度的细调，最终实现精确的温度控制。

例 3-2 已知某反应器进料波动非常大，需要通过内部盘管及时将热量导出，要求设计能够克服该进料波动的控制系统。

解 考虑进料波动大、同时盘管换热产生的大延迟，可以采用串级控制系统。串级控制系统与单回路控制系统相比，不单纯是在结构上多了一套变送器和一个控制器，它能迅速克服进料波动大的干扰，主、副回路匹配，能够较好解决换热产生的大延迟问题，实现精确控制。

例 3-3 串级均匀控制与串级控制系统的区别是什么？

解 从外表看，串级均匀控制与串级控制系统完全一样，但它的目的是实现均匀控制，增加一个副环流量控制系统的目的是消除执行器前后压力干扰及其他因素的影响。

例 3-4 请设计油储罐液位的双冲量均匀控制。

解 考虑影响油储罐液位的主要因素为流量，因此双冲量均匀控制以液位和流量两信号之差（或和）为被控变量来达到均匀控制。设计的控制系统示意图见图 3-2。

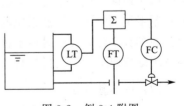

图 3-2 例 3-4 附图

例 3-5 非水溶剂捕集二氧化碳系统中，解吸过程中甲醇蒸发受制于温度，同时与流入的解吸液流量有关，为了保证二氧化碳解吸浓度，需要严格控制甲醇蒸发。请设计合适的控制系统。

解 根据要求，控制目的是保证解吸二氧化碳正常操作，因此可以设计选择性控制系统。正常工况下，甲醇浓度低于安全极限，因此，用温度控制器控制解吸塔解吸温度，从而控制甲醇浓度。受扰动影响，如果甲醇浓度升高超过安全极限，则通过控制解吸液流量实现对解吸二氧化碳浓度的控制。

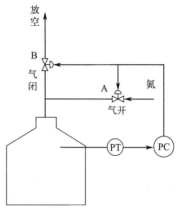

图 3-3 例 3-6 附图

例 3-6 请阐述图 3-3 油品储罐分程控制的工作过程。

解 当油品贮罐中的油被抽出时，油品液面上方氮封空间变大，压力变小，压力控制器输出增大，A 阀开度增大，向罐内充入氮气，保证氮封压力一定，避免被吸瘪；当向罐中注油时，氮封压力增大，控制器输出减小，B 阀为气闭式，此时则增大开度，将氮气排出一部分，维持罐内压力。

3.4 实用案例

案例 3-1 对于如图 3-4 所示的单闭环比值控制系统，试简述 Q_1 和 Q_2 分别有波动时控制系统的控制过程。

解 F_1C 为正作用控制器，F_2C 为反作用控制器：
当 $Q_1 \uparrow \rightarrow F_1C$ 输入 $\uparrow \rightarrow F_1C$ 输出 $\uparrow \rightarrow F_2C$ 输入 $\downarrow \rightarrow F_2C$ 输出 $\uparrow \rightarrow$ 阀门开度 $\uparrow \rightarrow Q_2 \uparrow$；
当 $Q_2 \uparrow \rightarrow F_2C$ 输入 $\uparrow \rightarrow F_2C$ 输出 $\downarrow \rightarrow$ 阀门开度 $\downarrow \rightarrow Q_2 \downarrow$。

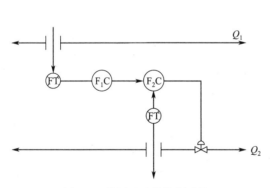

图 3-4 单闭环比值控制系统

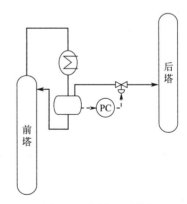

图 3-5 案例 3-2 附图

案例 3-2 已知连续精馏塔的两塔分离过程中，如果要求精馏塔冷凝器气相压力与气相出料流量在规定范围内缓慢均匀变化，请设计合适的控制系统。

解 根据精馏塔冷凝器气相压力与气相出料流量在规定范围内缓慢均匀变化，可设计均匀控制系统方案，设计方案如图 3-5。本控制方案为气相出料，并进入后塔，冷凝器液位用于调整回流量，由于外回流量的剧烈变化会破坏精馏塔塔顶气-液平衡，所以，采用冷凝器气相压力与气相出料的均匀控制。

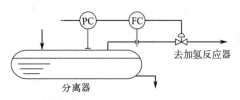

图 3-6　脱乙烷塔塔顶气液分离器

案例 3-3　图 3-6 所示为一脱乙烷塔塔顶的气液分离器。由脱乙烷塔塔顶出来的气体经过冷凝器进入分离器，由分离器出来的气体去加氢反应器。分离器内的压力需要较为稳定，因为它直接影响精馏塔的塔顶压力。为此通过控制的气相流量来稳定分离器内的压力，但出来的物料是去加氢反应器的，也需要平稳。所以设计压力-流量串级均匀控制系统，试画出该系统的方框图，说明它与一般串级控制系统的异同点。

解　方框图如图 3-7 所示。由系统的方框图可以看出，该系统与一般的串级控制系统在结构上是相同的，都是由两个控制器串接工作的，都有两个变量（主变量与副变量），构成两个闭环系统。

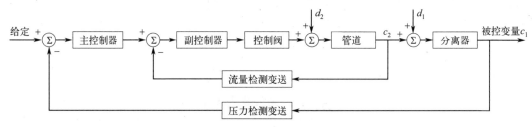

图 3-7　案例 3-3 方框图

该系统与一般的串级控制系统的差别主要在于控制目的是不相同的。一般串级控制系统的目的是稳定主变量，而对副变量没有什么要求，但串级均匀控制系统的目的是使主变量和副变量都比较平稳，但不是不变的，只是在允许的范围内缓慢地变化。为了实现这一目的，串级均匀控制系统在控制器的参数整定上不能按 4:1（或 10:1）衰减整定，而是强调一个"慢"字，一般比例度的数值很大，如需要加积分作用时，一般积分时间也很长。

案例 3-4　在实际的工业过程中，如图 3-8 所示的控制系统，能否将换热器的物料出口温度维持在给定值？

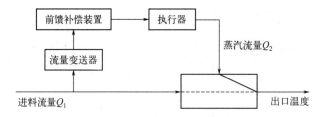

图 3-8　案例 3-4 附图

解　分析可知，如果换热器的物料流量波动（温度不变）时，通过这种单纯的前馈控制系统，可以予以补偿，使物料出口温度不受（或基本上不受）进料流量波动的影响。但在实际生产过程中，影响换热器的物料出口稳定的因素有许多，即干扰不可能仅仅是进口流量的波动，例如进口物料温度、蒸汽压力波动、换热器内换热状况的改变、环境温度的变化等都会对物料出口温度产生影响。但由于一种前馈补偿作用只能克服一种干扰，所以图 3-8 所示的单纯的前馈控制系统并不能将物料出口温度维持在给定值。正因为如此，在实际的工业过程中，单纯的前馈控制系统很少应用，一般采用前馈-反馈控制系统。

案例 3-5 废碱液中高 COD、高氨氮、高 TDS、高含油，常规生化法很难彻底处理废碱液，为此有团队采用煤粉炉掺烧废碱液的处理方法。该方法的关键点为控制废碱液的含水率，因此需要在废碱液中添加水进行稀释，请设计合适的控制系统，使废碱液含水率在 70%～95% 范围内，以满足掺烧要求。

解 比值控制的目的是实现几种物料符合一定的比例关系，因此可采用比值控制系统实现废碱液含水率的控制。考虑到应尽可能使煤粉炉燃烧正常，可进一步考虑双闭环比值控制系统，能实现废碱液和水两个的比值恒定，又能使进入锅炉系统的废碱液总负荷平稳，最终使掺烧的干扰尽可能小。

3.5 思维拓展

3.5.1 开放训练

① 串级控制系统能否完全替代前馈-反馈控制系统。

② 精馏塔控制系统的发展现状如何？对于控制技术提出了哪些新的要求？

③ 如何抑制等幅振荡？

④ 均匀控制系统和选择性控制系统能否用于解决石化装置的安全运行问题？请举例说明。

⑤ 目前储罐控制的前沿问题是什么？请调研说明。

3.5.2 模拟考核

（1）不定项选择

① 对于复杂控制系统，通常可根据其开发目的的差异进行分类，这些目的主要是（　　）。

A. 提高响应曲线的性能指标　　　　　　　　B. 提高经济性

C. 有特殊目的　　　　　　　　　　　　　　D. 提高稳定性和安全性

② 串级控制系统，适用于（　　）的场合。

A. 滞后较大　　　　　　　　　　　　　　　B. 惯性

C. 干扰较剧烈　　　　　　　　　　　　　　D. 控制较频繁

③ 在参数整定时，要尽量做到（　　）。

A. 加大副控制器的增益　　　　　　　　　　B. 提高副回路的频率

C. 降低滞后时间　　　　　　　　　　　　　D. 提高控制精度

④ 反馈控制有一些固有缺点，主要包括（　　）。

A. 无法将扰动克服在被控变量偏离给定值之前　　B. 调节作用不及时

C. 系统复杂　　　　　　　　　　　　　　　D. 成本较高

（2）填空题

① 串级控制系统一般是由（　　）、（　　）、（　　）和（　　）组成的控制系统。

② 副回路相当于一个（　　）控制系统，如果匹配得当，它的特性可近似看作是（　　）的比例环节。

③ 前馈控制的基本概念是测量（　　），并按其信号产生合适的（　　）去改变

（　　），使被控变量维持在（　　）。

④ 静态前馈控制装置是（　　），能对（　　）作出静态补偿。

（3）判断题

① 串级控制系统能改善被控对象的特性，提高系统克服干扰的能力。（　　）

② 动态前馈控制可实现被控变量的动态偏差接近或等于零。（　　）

③ 从反馈控制角度，由于前馈控制的存在，对干扰作了及时的细调作用，大大减轻了反馈控制的负担。（　　）

④ 开环整定针对的是系统处于单纯静态前馈运行状态，在干扰信号下，调整静态参数值（由小到大逐步增大），直到被控变量接近设定值。（　　）

（4）作图题

① 图示表示加热炉出口温度串级控制系统。

② 作出静态参数对补偿过程的影响。

③ 画出单闭环比值控制系统的方框图。

④ 用图示法表示应用比值器实现单闭环比值控制的方案。

3.6　练习题

3-1　串级均匀控制系统的参数整定有哪些方法？试简要说明。

3-2　均匀控制系统设置的目的是什么？它有哪些特点？

3-3　系统为什么会出现积分饱和？产生积分饱和的条件是什么？抗积分饱和的措施有哪些？

3-4　与反馈控制系统相比，前馈控制系统有什么特点？为什么控制系统中不单纯采用前馈控制，而是采用前馈-反馈控制？

3-5　为什么前馈控制器不能采用常规的控制器？

3-6　前馈-反馈控制具有哪些优点？

3-7　前馈控制系统一般应用于哪些场合？

3-8　串级控制系统一般应用于哪些场合？

3-9　对于图3-9所示的控制系统，要控制精馏塔塔底温度，手段是改变进入塔底再沸器的热剂流量，该系统采用2℃的气态丙烯作为热剂，在再沸器内释放热量后呈液态进入冷凝液贮罐。试分析：①该系统是一个什么类型的控制系统，试画出其方框图；②若贮罐中的液位不能过低，确定调节阀的气开、气关型式以及控制器的正、反作用；③简述系统的控制过程。

3-10　对于如图3-10所示的加热器串级控制系统，要求：①画出该控制系统的方块图，并说明主变量、副变量分别是什么，主控制器、副控制器分别是哪个控制器；②若工艺要求加热器温度不能过高，否则易发生事故，试确定调节阀的气开、

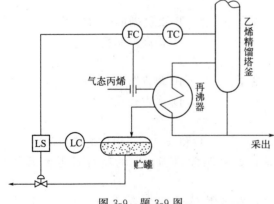

图3-9　题3-9图

气关型式；③确定主、副控制器的正、反作用；④当载热体压力突然增加时，简述该控制系统的调节过程；⑤当冷流体流量突然加大时，简述该控制系统的调节过程。

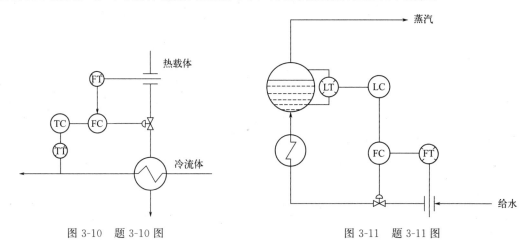

图 3-10　题 3-10 图　　　　　　　　　图 3-11　题 3-11 图

　　3-11　对于如图 3-11 所示的流量-液位串级控制系统。要求：①画出该控制系统的方块图，说明该系统的主、副变量分别是什么，主、副控制器分别是什么；②若液位不允许过低，否则易发生事故，试选择阀门的气开、气关型式；③确定主、副控制器的正、反作用；④简述当给水压力波动时控制系统的调节过程。

　　3-12　精馏塔是石油、化工生产过程中的主要工艺设备。由于塔釜温度是保证产品分离纯度的重要工艺指标，所以需要对其实现自动控制。生产工艺要求塔釜温度控制在±1.5℃范围内。在实际生产过程中，蒸汽压力变化剧烈，而且幅度大，有时从 0.5MPa 突然降至 0.3MPa，压力变化了 40%。对于如此大的扰动作用，若采用单回路控制系统，控制器的比例放大系数调到 1.3，塔釜温度最大偏差为 10℃，不能满足生产工艺要求。试选择合理的精馏塔塔釜温度控制系统。

第4章
过程检测技术

4.1 重点和难点

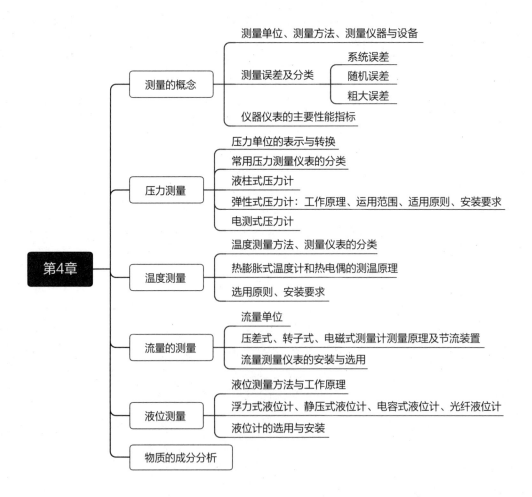

- 第4章
  - 测量的概念
    - 测量单位、测量方法、测量仪器与设备
    - 测量误差及分类
      - 系统误差
      - 随机误差
      - 粗大误差
    - 仪器仪表的主要性能指标
  - 压力测量
    - 压力单位的表示与转换
    - 常用压力测量仪表的分类
    - 液柱式压力计
    - 弹性式压力计：工作原理、运用范围、适用原则、安装要求
    - 电测式压力计
  - 温度测量
    - 温度测量方法、测量仪表的分类
    - 热膨胀式温度计和热电偶的测温原理
    - 选用原则、安装要求
  - 流量的测量
    - 流量单位
    - 压差式、转子式、电磁式测量计测量原理及节流装置
    - 流量测量仪表的安装与选用
  - 液位测量
    - 液位测量方法与工作原理
    - 浮力式液位计、静压式液位计、电容式液位计、光纤液位计
    - 液位计的选用与安装
  - 物质的成分分析

针对上述内容，加强能源化工、食品机械等控制的测量技术理解，重点关注温度、压力、流量和浓度等典型参数的测量，需要理解不同测量方式的特色。

由于本章内容知识点较多，可以从温度、压力、流量和浓度等测量原理出发，重点分析测量仪表的结构和原理的对应关系，掌握根据测量仪表的原理选择不同控制要求仪表的方法。

难点在于掌握常见的被控对象的测量选型，即需要考虑仪表的经济性、精度和响应时间等。

本章重点考查应用知识能力、创新能力和工匠精神，能力考查、知识点和学习重点的关系如表 4-1 所示。

表 4-1 第 4 章能力考查、知识点和学习重点的关系

能力考查	知识点	学习重点
应用知识	测量原理和测量装置	分析测量原理
创新能力	对比优选测量装置	测量装置特点
工匠精神	兼顾仪表的经济性和精度	设计指标提高的方法

4.2 基本知识

(1) 名词术语

本章概括介绍对生产过程常见参数的测量方法与原理。需要通过学习熟悉有关测量的常用术语，包括测量、测量单位、直接测量法、间接测量法、等精度测量法、不等精度测量法、微差测量法、零位测量法、间接测量法、准确性、稳定性、灵敏性、系统误差、随机误差、粗大误差、精密度、精确度、绝对误差、相对误差、引用误差、量程与精度等级、灵敏度、线性精度等级、线性度、迟滞误差、漂移、重复性。

(2) 检测仪表的主要性能指标

仪表的性能指标是评价仪表性能差异、质量优劣的主要依据，也是正确选择仪表和使仪表达到准确测量目的所必须具备和了解的知识。

仪表技术方面的主要指标包括误差、精确等级、灵敏度、变差、量程、响应时间、漂移等。

仪表经济方面的指标有使用寿命、功耗、价格等。

(3) 试验数据的处理与曲线拟合

数据处理就是从测量数据中制定合理的处理方法，求出被测量的最佳估计值，以减少测量过程误差的影响，也可以将测量数据整理后绘制曲线或归纳出经验公式。

通过一组测量数据去求取变量之间最佳函数关系式的过程称为曲线拟合。拟合出的曲线方程称为拟合方程。常用最小二乘法保证获得最佳拟合方程。

(4) 压力的测量

压力的测量在生产过程自动化中具有特殊的地位，一些其他工程参量如温度、流量、液位等往往可以通过压力来间接测量。压力定义为垂直均匀地作用于单位面积上的力。压力单位及其转换见表 4-2。

表 4-2　常用压力计量单位及其换算表

单位名称	帕 Pa(N/m²)	兆帕 MPa	巴 bar	毫巴 mbar	毫米水柱 mmH₂O	标准大气压 atm	工程大气压 kgf/cm²	毫米汞柱 mmHg	磅力/英寸² IBf/in²
帕 Pa	1	1×10^{-6}	1×10^{-5}	1×10^{-2}	1.019716×10^{-1}	0.9869236×10^{-5}	1.019716×10^{-5}	0.75006×10^{-2}	1.450442×10^{-4}
兆帕 MPa	1×10^{6}	1	1×10^{1}	1×10^{4}	1.019716×10^{5}	0.9869236×10^{1}	1.019716×10^{1}	0.75006×10^{4}	1.450442×10^{2}
巴 bar	1×10^{5}	1×10^{-1}	1	1×10^{3}	1.019716×10^{4}	0.9869236	1.019716	0.75006×10^{3}	1.450442×10
毫巴 mbar	1×10^{2}	1×10^{-4}	1×10^{-3}	1	1.019716×10	0.9869236×10^{-3}	1.019716×10^{-3}	0.75006	1.450442×10^{-2}
毫米水柱 mmH₂O	0.980665×10	0.980665×10^{-5}	0.980665×10^{-4}	0.980665×10^{-1}	1	0.9678×10^{-4}	1×10^{-4}	0.73556×10^{-1}	1.422×10^{-3}
标准大气压 atm	1.01325×10^{5}	1.01325×10^{-1}	1.01325	1.01325×10^{3}	1.033227×10^{4}	1	1.0332	0.76×10^{3}	1.4696×10
工程大气压 kgf/cm²	0.980665×10^{5}	0.980665×10^{-1}	0.980665	0.980665×10^{3}	1×10^{4}	0.9678	1	0.73557×10^{3}	1.422398×10
毫米汞柱 mmHg	1.333224×10^{2}	1.333224×10^{-4}	1.333224×10^{-3}	1.333224	1.35951×10	1.316×10^{-3}	1.35951×10^{-3}	1	1.934×10^{-2}
磅力/英寸² IBf/in²	0.68949×10^{4}	0.68949×10^{-2}	0.68949×10^{-1}	0.68949×10^{2}	0.70307×10^{3}	0.6805×10^{-1}	0.707	0.51715×10^{2}	1

（5）温度测量与变送

温度是表征物体冷热程度的物理量，是最基本、最常见的测量参数之一。在温度测量中，尤以热电阻和热电偶最为常见。

① 热电偶。热电偶温度仪表是基于热电效应原理制成的测温仪，由热电偶、电测仪表和连接导线组成，其核心元件为热电偶。热电偶是由两种不同导体或半导体材料焊接而成，焊接的一端称为热端（或工作端），与导线连接的一端称为冷端。

热电偶的补偿导线是在一定的温度范围内与所接的热电偶电性能相似的廉价金属线。采用补偿导线只是改变冷端的位置，不会影响热电偶的正常工作。

常用热电偶补偿导线的主要特性如表 4-3 所示。中国标准型热电偶的主要特性见表 4-4。

表 4-3　常用热电偶补偿导线的主要特性

补偿导线型号	配用热电偶分度号	补偿导线颜色标志		100℃热电势/mV		
		正极（+）	负极（一）	名义值	允许偏差	
					精密级	普通级
SC	S	红	绿	0.645	±0.023(3℃)	±0.037(5℃)
BC	B	红	灰	4.095	±0.063(1.5℃)	±0.105(2.5℃)
KX	K	红	黑	4.095	±0.063(1.5℃)	±0.105(2.5℃)
EX	E	红	棕	6.317	±0.102(1.5℃)	±0.170(2.5℃)
JX	J	红	紫	5.268	±0.081(1.5℃)	±0.135(2.5℃)
TX	T	红	白	4.277	±0.023(0.5℃)	±0.047(1℃)

注：最常用的 S、B、K 三种热电偶及其分度表可以参阅相关参考书。

表 4-4　中国标准型热电偶的主要特性

热电偶名称	分度号	适用条件	等级	测温范围/℃	允许误差
铂铑 10-铂	S	适宜在氧化性气氛中测温；长期使用时测温范围为 0～1000℃，短期使用最高可达 1600℃，短期可在真空中测温	I	0～1100 1100～1600	±1℃ ±[1+(t-1100)×0.003]℃
			II	0～600 600～1600	±1.5℃ ±0.25%×t
铂铑 10-铂铑 6	B	适宜在氧化性气氛中测温；长期使用可达 1600℃，短期测温最高为 1800℃；稳定性好；自由端在 0～100℃可不用补偿导线；可短期在真空中测温	II	600～1700	±0.25%×t
			III	600～800 800～1700	±4℃ ±0.5%×t
镍铬-镍硅（镍铬-镍铝）	K	适宜在氧化及中性气氛中测温；测温范围为 -200～1300℃，可短期在还原性气氛中测温，但必须外加密封保护管	I	-40～1100	±1.5℃或±0.4%×t
			II	-40～1300	±2.5℃或±0.75%×t
			III	-200～40	±2.5℃或±1.5%×t
铜-铜镍（康铜）	T	适合于在 -200～400℃范围内测温；精密度高、稳定性好；测低温时灵敏度高；价格低廉	I	-40～350	±0.5℃或±0.4%×t
			II	-40～350	±1℃或±0.75%×t
			III	-200～40	±1℃或±1.5%×t
镍铬-铜镍（康铜）	E	适宜在氧化或弱还原性气氛中测温；测温范围为 -200～900℃，稳定性好；灵敏度高，价廉	I	-40～800	±1.5℃或±0.4%×t
			II	-40～900	±2.5℃或±0.75%×t
			III	-200～40	±2.5℃或±1.5%×t
铁-铜镍（康铜）	J	适宜在各种气氛中测温；测温范围为 -40～750℃，稳定性好，灵敏度高，价廉	I	-40～750	±1.5℃或±0.4%×t
			II	-40～750	±2.5℃或±0.75%×t
铂铑 13-铂	R	适宜在氧化性气氛中测温；长期使用最高温度为 1300℃，短期最高可达 1600℃，短期可用于在真空中测温	I	0～1600	±1℃或 ±[1+(t-1100)×0.003]℃
			II	0～1600	±1.5℃或±0.25%×t

② 热电阻。热电阻温度表是利用导体或半导体电阻随温度变化而变化的性质来测量温度的。常用的热电阻主要有工业铂电阻和铜电阻。常用的几种热电阻的主要性能见表 4-5。

表 4-5　常用热电阻的主要性能

名称	代号	分度号	测温范围/℃	0℃时的 R_0/Ω		基本误差允许值/℃
				名义值	允许误差	
铂电阻	WZP（IEC）	Pt10	(A) -200～850 (B)	10 (0～850℃)	A 级±0.006 B 级±0.012	$\Delta t=\pm(0.15+2\times10^{-3}t)$
		Pt100		100 (-200～85℃)	A 级±0.06 B 级±0.12	$\Delta t=\pm(0.3+5\times10^{-3}t)$
铜电阻	WZC	Cu50	-50～150	50	±0.05	$\Delta t=\pm(0.3+6\times10^{-3}t)$
		Cu100		100	±0.1	
镍电阻	WZN	Ni100	-60～180	100	±0.1	$\Delta t=\pm(0.2+2\times10^{-2}t)$ (-60～0℃)
		Ni300		300	±0.3	$\Delta t=\pm(0.2+1\times10^{-2}t)$ (0～180℃)
		Ni500		500	±0.5	

（6）流量测量

流量是过程重要检测参数之一。用于流量测量的仪表叫流量计。几种主要类型流量计的性质比较如表 4-6。

表 4-6　几种主要类型流量计的性质比较汇总

性能	流量计类型				
	容积式（椭圆齿轮流量计）	涡轮流量计	转子流量计	差压流量计	电磁流量计
测量原理	测出输出轴转数	由被测流体推动叶轮旋转	定压降环形面积可变原理	伯努利方程	法拉第电磁感应定律
被测介质	气体，液体	液体，气体	液体，气体	液体，气体，蒸汽	导电性液体
测量精度	$\pm(0.2\sim0.5)\%$	$\pm(0.5\sim1)\%$	$\pm(1\sim2)\%$	$\pm2\%$	$\pm(0.5\sim1.5)\%$
安装直管段要求	不要	要直管段	不要	要直管段	上游有要求下游无要求
压头损失	有	有	有	较大	几乎没有
更换量程方法	难	难	改变浮子的质量（麻烦）	改变差压变送器刻度（难）	调量程电位器（容易）
口径系列 ϕ/mm	$10\sim300$	$2\sim500$	$2\sim150$	$50\sim1000$	$2\sim2400$
制造成本	较高	中等	低	中等	高

（7）液位测量

液位测量常常关系到工艺操作和设备安全等关键环节，用于液位测量的叫液位计，常见的液位计的特点如表 4-7。

表 4-7　几种主要类型液位计的性质比较汇总

比较项目		仪表种类									
		直读式液位计		压力式液位计			浮力式液位计			电容式液位计	光纤式
		玻璃管式液位计	玻璃板式液位计	压力表式液位计	吹气式液位计	差压式液位计	带钢丝绳浮子式液位计	浮球式液位计	浮筒式液位计		
仪表特性	测量范围/m	<1.5	<3			20	20			2.5	
	测量精度					1%		1.5%	1%	2%	
	可动部件	无	无	无	无	无	有	有	有	无	有
	是否接触被测介质	是	是	是	是	是	是	是	是	是	是
输出方式	连续或间断测量或定点控制	连续	连续	连续	连续	连续	连续	连续定点	连续	连续定点	连续，定点，间断
	操作条件	现场直读	现场直读	远传仪表显示	现场目测	远传仪表显示	远传可计数	报警	指示记录	指示	远传报警

续表

比较项目		仪表种类									
		直读式液位计		压力式液位计			浮力式液位计			电容式液位计	光纤式
		玻璃管式液位计	玻璃板式液位计	压力表式液位计	吹气式液位计	差压式液位计	带钢丝绳浮子式液位计	浮球式液位计	浮筒式液位计		
测量条件	工作压力 ×10⁴/Pa	<16	<40	常压	常压		常压	<16	<320	<320	
	工作温度/℃	100~150	100~150			−20~200		<150	<200	−200~200	
	防爆性	本质安全	本质安全	可隔爆	本质安全	可防爆	可隔爆	可隔爆,本质安全	可隔爆		本质安全
	对多泡沫,沸腾介质的适用性	精度过低	精度过低	适用	适用	适用		适用	适用		

(8) 成分测量

成分测量是过程工艺中常见的测量需求,实际过程中常用成分分析仪开展测量,其主要特点如表 4-8 所示。

表 4-8　几种主要类型成分分析仪的性质比较汇总

比较项目	分析仪			
	红外线气体分析仪	氧化锆氧气分析仪	工业电导仪	气相色谱仪
仪表用途	检测 CO,CO_2,NH_2 以及 CH_4,C_2H_2,C_2H_4 等气体浓度	检测 O_2 的含量	常用来分析酸、碱、盐等电解质的浓度	利用分离分析的方法,能对被测气样进行全分析
工作原理	基于物质对光辐射的选择性吸收原理	当一侧氧浓度固定时,可通过输出电势和浓差-电势关系求出另一侧氧气浓度	测量溶液的电导而间接得到溶液的浓度	色谱法
工作温度	0~50℃	−10~50℃	0~99.9℃	15~35℃
精度	<2%FS	≤0.5%FS	±1.0%FS	±(0.1~0.2)℃
输出	模拟 4~20mA 或 1~5VDC 线性 数字 RS232(标准)	0~10mADC 或 4~20mADC	4~20mA	

4.3　例题解析

例 4-1　测量方法有哪几种分类,试分别列举出来。

解　① 直接测量法与间接测量法;
② 等精度测量和不等精度测量;
③ 接触测量与非接触测量;
④ 静态测量与动态测量。

例4-2 测量中对传感器的要求有哪些？试分别列举出来。

解 ① 准确性：传感器的输出信号必须准确地反映其输入量，即被测量的变化。

② 稳定性：传感器的输入、输出的单值函数关系是不随时间和温度而变化的，且受外界其他干扰因素的影响很小，工艺上还能准确地复现。

③ 灵敏性要求有较小的输入量便可得到较大的输出信号。

④ 其他如经济性、耐腐蚀、低能耗等。

例4-3 从涡轮流量计的基本原理分析其结构特点、输出信号方法和使用要求。

解 涡轮流量计的基本原理：流体对置于管内涡轮的作用力，使涡轮转动，其转动速度在一定流速范围内与管内流体的流速成正比。其结构主要由涡轮、导流器、磁电转换装置、外壳以及信号放大电路等部分组成。

输出信号方法：将叶轮转动时的转速转换成脉动电信号输出，经进一步放大整形后获得分拨信号，对其进行脉冲计数和单位换算，可得到积累流量；通过频率-电流转换单元可得到瞬时流量。使用要求：①仅适用洁净的被测介质，通常在涡轮前要安装过滤装置；②流量计前后需有一定的直管段长度；③流量计的转换系数 c 一般是在常温下用水标定的，当介质的密度和黏度发生变化时需重新标定或进行补偿。

例4-4 什么是传感器？传感器的作用和组成分别是什么？

解 传感器是将被测物理量转换为与之有确定对应关系的输出量的器件或装置。

传感器主要应用在自动测试与自动控制领域中。它将诸如温度、压力、流量等参量转换为电量，然后通过电的方法进行测量和控制。人们常把电子计算机比为人的大脑，把传感器比作人的五官，如果一个失去了某种传感器——感官的人，即使有健全的大脑和发达的四肢，也难以对某些外界信息作出反应。

传感器一般是利用物理、化学和生物等学科的某些效应或原理按照一定的制造工艺研制出来的。尽管它的组成差异很大，但是一般说来，传感器由敏感元件、转换元件、测量电路与其他辅助部件组成。

例4-5 传感器如何分类？试对传感器进行简单分类。

解 ① 按输入物理量分类，即按被测物理量分类。例如，传感器的输入量分别为温度、湿度、流量、压力、位移、速度时，其相应的传感器称为温度传感器、湿度传感器、流量传感器、压力传感器、位移传感器、速度传感器等。

② 按工作原理分类。将物理和化学等学科的原理、规律和效应作为分类的依据，如压电式、压阻式、热阻式等。这种分类法能比较清楚地说明传感器的转换原理，表明传感器是如何实现从某一非电量到电量的转换。

③ 按能量的关系分类。可将传感器分为有源传感器和无源传感器两大类。

④ 按输出信号的性质分类。可分为模拟式和数字式传感器两大类，即传感器输出量分别为模拟量或数字量。

例4-6 什么是传感器的静态特性和动态特性？

解 ① 静态特性。表示传感器在被测物理量的各个值处于稳定状态时的输出、输入关系。任何实际传感器的静态特性不会完全符合所要求的线性或非线性的关系。通常要求传感器静态情况下的输出、输入关系保持线性，实际上，只有在理想情况下才呈现线性的静态特性。

② 动态特性。动态特性是指传感器对于随时间变化的输入量的响应特性。与静态特性

的情况不同，它的输出量与输入量的关系不是一个定值，而是时间的函数，随输入信号的频率而变。动态特性好的传感器，其输出量与被测量随时间的变化应一致或接近一致。

例 4-7 对传感器的技术性能要求有哪些以及选用原则是什么？

解 技术性能要求：精度高；灵敏度高，线性范围宽广；响应快，滞后、漂移；输出信号信噪比高；稳定性、重复性好；动态性能好；负载效应低；超标准过大的输入信号保护。

选用原则如下：

① 按测量方式选。在工程测试中，针对被测对象的工作条件、工作方式，选择不同的测量方式。如接触与非接触测量；破坏与非破坏性测量；在线与离线测量等。测量方式不同，所选的传感器亦不相同。例如，对于非接触测量，选用电容式、电涡流式等非接触式传感器较为合适；对于非破坏性测量如无损检测，选用超声波、声发射等传感器较方便。

② 按测量要求选。不同的测量要求选择不同的传感器。例如，电涡流式位移传感器和变极距式电容传感器，都是非接触式测量微位移的传感器，虽然后者比前者的灵敏度高，但是，前者比后者的稳定性好，因此，选用时要根据具体情况而定。

③ 按使用方便选。传感技术近年来发展很快，传感器的品种、规格繁多，每年都有许多新型传感器出现。因此，选用时尽可能要求使用方便，即便于安装、调试和维修。

④ 按性能价格比选。在选择传感器时，不要片面追求各种性能指标。由于传感器的性能指标不同，价格差异很大。例如，在选择压力传感器时，精度为1%的压力传感器能满足要求的使用场合，就不要选用精度为0.4%的压力传感器。

例 4-8 常见的压力测量仪表有哪几种？原理是什么？

解 ① 液柱式压力计：是将被测压力转化为液柱的高度来进行测量的一种仪表。

② 弹性式压力计：是利用测量弹性敏感元件在压力作用下产生的弹性变形的大小来测量压力的一种仪表。

③ 电测式压力计：是将被测压力转化为电量进行测量的仪器。

例 4-9 某仪表的技术说明指出：当仪表在环境温度20℃±5℃、电源电压220V±5%、湿度<80%、输入信号频率<1kHz时，仪表的基本误差（即允许的最大相对百分误差）为2.5%。若仪表使用时环境温度超出该范围，则将产生±0.2%/℃误差；电源电压变化±10%时，将产生±2%的附加误差；湿度>80%，也将产生1%的附加误差；输入信号频率>1kHz，将产生2.5%的附加误差。现在35℃的环境中使用该仪表，湿度>80%，电源电压为200V，被测信号为0.5V、2kHz，该仪表量程为1V，试估计测量误差。

解 如果每个误差分量取技术指标规定的极限值，则：

基本误差 $\delta_基 = \pm 2.5\%$

温度附加误差 $\delta_t = (35-25) \times (\pm 0.2\%/℃) = \pm 2\%$

湿度附加误差 $\delta_\varphi = \pm 1\%$

电源附加误差 $\delta_v = \pm 2\%$

频率附加误差 $\delta_f = \pm 2.5\%$

如果认为最不利的情况是五个误差分量都同时处在最大值，则：

$$\delta_\Sigma = \delta_基 + \delta_t + \delta_\varphi + \delta_v + \delta_f = 2.5\% + 2\% + 1\% + 2\% + 2.5\% = 10\%$$

这个数值估计显然偏大，因为这些误差实际上不大可能同时以最大值出现。而技术指标上给出的数值仅是一个不允许超出的极限值，每个系统误差分量都是以某一概率落入这个极限值规定的区间，如果按概率论的观点去处理，就会得到比较符合实际的结果。

因此本题的各误差分量的统计特征值为：

$$\delta_\Sigma = \sqrt{\delta_{\underline{\Xi}}^2 + \delta_t^2 + \delta_\varphi^2 + \delta_v^2 + \delta_f^2}$$

$$= \sqrt{(2.5\%)^2 + (2\%)^2 + (1\%)^2 + (2\%)^2 + (2.5\%)^2}$$

$$= 4.64\%$$

误差分量数目越多,代数相加或绝对值相加的总误差较实际可能值越大,而各误差分量的统计特征值比较符合实际情况。本题的测量结果可以表示为 (0.5±0.0232) V。

例 4-10 在等精度测量条件下对某透平机械的转速进行了 20 次测量,获得如下的一列测定值(单位:r/min):

4753.1	4757.5	4752.7	4752.8	4752.1
4749.2	4750.6	4751.0	4753.9	4751.2
4750.2	4753.3	4752.1	4751.2	4752.3
4748.4	4752.5	4754.7	4750.0	4751.0

试求该透平机转速(设测量结果的置信概率 $P = 95\%$)。

解 ① 计算测定值的平均值:

$$\overline{x} = \frac{1}{20}\sum_{i=1}^{20} x_i = 4752.0$$

② 计算均方根误差。由贝塞尔公式,求得:

$$\hat{\sigma} = \sqrt{\frac{1}{20}\sum_{i=1}^{20}(x_i - \overline{x})^2} = 2.0$$

均方根误差 σ 用 $\hat{\sigma}$ 来估计,取 $\sigma = \hat{\sigma} = 2.0$。

③ 求平均值的分布:

$$\sigma_x = \frac{\sigma}{\sqrt{n}} = \frac{20}{\sqrt{20}}$$

平均值 $\overline{x}$ 的分布函数为:

$$N(\overline{x}; \mu, \sigma_x) = N\left(\overline{x}; \mu, \frac{20}{\sqrt{20}}\right)$$

④ 对于给定的置信概率 P,求置信区间半长 λ。题目已给出 $P = 95\%$,故:

$$P(\overline{x} - \lambda \leqslant \mu \leqslant \overline{x} + \lambda) = 95\%$$

亦即

$$P(-\lambda \leqslant \overline{x} - \mu \leqslant \lambda) = 95\%$$

设 $\lambda = Z\sigma_{\overline{x}}$,且记 $\overline{x} - \mu = \delta_{\overline{x}}$,那么:

$$P(|\delta_{\overline{x}}| \leqslant Z\sigma_{\overline{x}}) = 95\%$$

查概率统计表得 $Z = 1.96$,$\lambda = 1.96\sigma_{\overline{x}} = 0.9$

最后,测量结果可表达为:

$$转速 = (4752.0 \pm 0.9)r/min \quad (P = 95\%)$$

例 4-11 某台测温仪表的测温范围为 0~1000℃。根据工艺要求,温度指示值的误差不允许超过 ±7℃,试问应如何选择仪表的精度等级才能满足以上要求?

解 根据工艺上的要求,仪表的允许误差为:

$$\delta_{允} = \frac{\pm 7}{1000 - 0} \times 100\% = \pm 0.7\%$$

如果选择精度等级为 1.0 级的仪表,其允许的误差为 ±1.0%,超过了工艺上允许的数值，所以需要选用 0.5 级的测温仪表才能满足工艺要求。

例 4-12 对某电阻进行重复测量，$n=16$，测量值列于表 4-9 中，无系统误差。试给出测量结果。

表 4-9 例 4-12 测量结果

测量顺序	x_i/Ω	测量顺序	x_i/Ω
1	105.30	9	105.71
2	104.94	10	104.70
3	105.63	11	106.65
4	105.24	12	105.36
5	104.86	13	105.21
6	104.97	14	105.19
7	105.35	15	105.21
8	105.16	16	105.32

解 ① n 次测量的算术平均值为：

$$\overline{x} = \frac{1}{n} \sum_{i=1}^{n} x_i = 105.30 (\Omega)$$

② 剩余误差用式 $v_i = x_i - \overline{x}$ 计算，计算结果见于表 4-10。正剩余误差之和为 2.22，负剩余误差之和为 -2.22。所以 $\sum v_i = 0$，计算无误。

表 4-10 例 4-12 计算结果

测量顺序	x_i/Ω	v_i/Ω	v_i^2/Ω^2
1	105.30	0.00	0.0000
2	104.94	-0.36	0.1296
3	105.63	0.33	0.1089
4	105.24	-0.06	0.0036
5	104.86	-0.44	0.1936
6	104.97	-0.33	0.1089
7	105.35	0.05	0.0025
8	105.16	-0.14	0.0196
9	105.71	0.41	0.1681
10	104.70	-0.60	0.3600
11	106.65	1.35	1.8225
12	105.36	0.06	0.0036
13	105.21	-0.09	0.0081
14	105.19	-0.11	0.0121
15	105.21	-0.09	0.0081
16	105.32	0.02	0.0004

③ 标准偏差的估计值为：

$$s_{xi} = \sqrt{\frac{\sum v_i^2}{n-1}} = \sqrt{\frac{2.9496}{16-1}} = 0.44(\Omega)$$

④ 检查异常值用格拉布斯准则。按大小顺序重新排列测量值为 104.70，104.86，…，105.71，106.65。计算 $x_{16} = 106.65$ 的格拉布斯统计量：

$$G_{16} = \frac{v_{16}}{s_{xi}} = \frac{1.35}{0.44} = 3.07$$

选定 $\alpha = 5\%$，查表得到临界值 $G(16, 0.05) = 2.44$。所以 $G_{16} > G(16, 0.05)$，相应的测量值 106.65 为坏值，应剔除。

⑤ 用余下的数据重新计算：

$$\bar{x} = \frac{1}{15}\sum_{i=1}^{15} x_i = 105.21(\Omega), \quad s_{xi} = \sqrt{\frac{1}{15-1}\sum_{i=1}^{15} v_i^2} = 0.27(\Omega)$$

再检查 104.70 和 105.71 都不是坏值。

⑥ 测量结果可表示为：

$$X = \bar{x} \pm t(14, 0.95)s_{\bar{x}} = 105.21 \pm 2.15 \times \frac{0.27}{\sqrt{15}} = 105.21 \pm 0.15(\Omega) \quad (P = 95\%)$$

例 4-13 简述压力表的安装应注意的事项及问题？

解 ① 取压点的选择。所选取压点应能如实反映被测压力的真实情况。为此应注意：i.取压点应选在被测介质直线流动的管段部分，不要选在管路交叉、转弯、死角或其他容易形成旋涡的地方。ii.测量流动介质的压力时，应使取压点与流向垂直并消除管壁钻孔毛刺及焊渣。iii.测量液体压力时，取压点应在管道下部，使导压管内不积存气体；测量气体时，则应取在管道上方，以免导压管内积存液体。

② 导压管的敷设原则：i.当被测介质容易冷凝或冻结时，必须加装保温、伴热管线。ii.取压口到压力表之间应装切断阀，位置要靠近取压口。

③ 压力表的安装要求：i.压力表应安装在便于观察和检修的地方。ii.安装地点应力求避免振动和高温影响。iii.测量蒸汽或高温液体压力时，应加装冷凝管，以防止高温介质直接和测量元件接触，对于有腐蚀性介质测压时，应加装充有中性介质（隔离液）的隔离管等。总之，应根据具体情况（如高温、低温、腐蚀、结晶、沉淀、黏稠介质等）采取相应的防护措施。iv.压力表与导压管的连接处应加装密封垫片，一般可用石棉纸板或铝片；温度及压力较高时可用退火紫铜或铝垫片。另外，还要考虑介质的影响。测量氧气压力表不能用带油或有机化合物的垫片，否则会引起爆炸；测量乙炔压力时禁用铜垫片。

例 4-14 简述测温仪表的安装事项以及应注意的问题？

解 ① 测温点应具有代表性，不应把测温元件插到被测介质的死角区域；测温点应尽量避开具有电磁场干扰源的场合，否则，应采取抗干扰措施。

② 测温元件的插入深度，应使感温元件能够充分感受到被测介质的实际温度。例如，当保护套管与工艺管道管壁交叉成 45°安装时，保护管的端部应处于管道的中心区域内。保护管的端部应对着工艺管道中介质的流向。

③ 若安装测温元件的工艺管径过小时（$D_g < 80$mm），应接装扩大管。

④ 应尽量避免测温元件外露部分的热损失引起的测量误差。为此，一是保证有足够的插入深度（斜插或在弯头处安装）；二是对外露部分加装保温层进行保温。

⑤ 用热电偶测量炉膛温度时，应避免热电偶与火焰直接接触，否则必然会使测量值偏

高。同时应避免把热电偶装在炉门旁或与加热物体过近之处。其接线盒不应碰到炉壁，以免使热电偶的冷端温度过高。

⑥ 热电偶的接线盒出线孔应向下，以防因密封不良而使水汽、灰尘与脏物落入接线盒中，从而影响测量。

⑦ 测温元件安装在负压管道或设备中时，必须保证安装孔密封，以免外界冷空气袭入，从而使指示值偏低。

⑧ 当工作介质压力超过10MPa时，还必须另外加装保护套管。此时，为减少测温的滞后，可在管套之间加装传热良好的充填物。如温度低于150℃时可充入变压器油，当温度高于150℃时可充填铜屑或石英砂，以保证传热良好。

例 4-15 用一支铂铑10-铂热电偶进行温度测量，已知热电偶冷端温度 $t_0=20℃$，测量得到 $E(t,t_0)=7.341\mathrm{mV}$，求被测介质的实际温度。

解 查铂铑10-铂热电偶分度表得：

$$E(t_0,0)=0.113\mathrm{mV}$$

则　$E(t,0)=E(t_0,0)+E(t,t_0)=7.341+0.113=7.454$（mV）

反查S分度表得其对应的实际温度为810℃。由于热电偶的温度—热电势关系是非线性的，因而对热电偶的冷端温度进行补偿，不能采用温度直接相加的方式，必须按热电势相加进行补偿。

例 4-16 有一节流式流量计，用于测量水蒸气流量，设计时的水蒸气密度为 $\rho=8.93\mathrm{kg/m^3}$。但实际使用时被测介质的压力下降，使实际密度减小为 $8.12~\mathrm{kg/m^3}$。试求当流量计读数为 $8.5~\mathrm{kg/m^3}$ 时，实际流量为多少，由于密度变化使流量指示值产生的相对误差为多少。

解 当密度变化时，实际流量可用下式求得：

$$q'_\mathrm{m}=q_\mathrm{m}\sqrt{\frac{\rho'}{\rho}}=8.5\times\sqrt{\frac{8.12}{8.93}}=8.105\text{（kg/s）}$$

相对误差为：

$$\delta=\frac{q'_\mathrm{m}-q_\mathrm{m}}{q'_\mathrm{m}}\times100\%=\frac{8.105-8.5}{8.105}\times100\%=-4.9\%$$

当密度改变时，流量的实际值与指示值之间将产生较大的误差，实际密度与设计值相差越大，则流量指示误差也越大。

例 4-17 用一气动浮筒液位变送器来测量界面，其浮筒长度 $L=800\mathrm{mm}$，被测液体的密度分别为 $\rho_1=1.2\mathrm{g/cm^3}$ 和 $\rho_2=0.8\mathrm{g/cm^3}$，试求输出为0%、50%、100%时所对应的灌水高度 H。

解 用水校对浮筒液位计时，浮筒被水浸没的相应高度 $l_水$ 为：

$$l_水=\frac{\rho_x}{\rho_水}l_x$$

校验时：$H=0$，$l_x=0$，$l_水=0$

$$H=L\text{（量程）时，}l_水=\frac{\rho_x}{\rho_水}L$$

由此可得，最高界面（输出为100%）所对应的最高灌水高度为：

$$l_水 = \frac{1.2}{1.0} \times 800 = 960 \text{（mm）}$$

最低界面（输出为 0%）所对应的最低灌水高度为：

$$l_水 = \frac{0.8}{1.0} \times 800 = 640 \text{（mm）}$$

由此可知用水代校时界面的变化范围为：

$$l_{水100} - l_{水0} = 960 - 640 = 320 \text{（mm）}$$

显然，在最高界面时，用水已不能进行校验，这时可将零位降至 $800 - 320 = 480$（mm）处来进行校验，其灌水高度与输出气压信号的对应关系为：

H＝0%， $l_{水0} = 480$mm， 输出信号＝20kPa

H＝50%， $l_{水50} = 480$mm， 输出信号＝60kPa

H＝100%， $l_{水100} = 480$mm， 输出信号＝100kPa

校验结束后，再把浮筒室灌水到 640mm，并通过变送器零点迁移弹簧把信号调整到20kPa，完成全部校验工作。

例 4-18 试画出热电偶温度计测温的结构简图，并简述补偿导线的作用。

解 热电偶测温计的组成如图 4-1 所示。其中 A、B 为热电偶，C、D 为补偿导线。

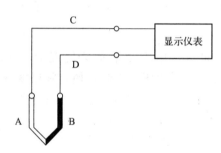

图 4-1 热电偶测温计的组成示意图

使用补偿导线是由于只有在热电偶的冷端温度保持不变时，热电势与被测温度才是单值函数关系。实际应用中，热电偶冷端暴露于空间里，且长度有限，其冷端不仅受到环境温度的影响，还受到被测温度变化的影响。为了保持冷端温度的稳定，把热电偶的冷端延伸到远离被测对象且温度比较稳定的地方。同时，考虑热电偶材料价格昂贵，使用补偿导线可以解决这一成本问题。

例 4-19 由一个用水标定的转子流量计来测量苯的流量，流量计的读数为 28m³/h。已知转子为密度 7920kg/m³ 的不锈钢，苯的密度为 0.831kg/L，求苯的实际流量是多少？

解 因为水的密度 $\rho_s = 1$kg/L，苯的密度为 $\rho_y = 0.831$kg/L，转子的密度为 $\rho_z = 7.92$kg/L，流量计的读数为 $Q_n = 28$m³/h，则苯的实际流量为：

$$Q = Q_n \sqrt{\frac{(\rho_z - \rho_y)\rho_s}{(\rho_z - \rho_s)\rho_y}} = 28 \times \sqrt{\frac{(7.92 - 0.831) \times 1}{(7.92 - 1) \times 0.831}} = 28 \times 1.11 = 31.08 \text{（m}^3/\text{h）}$$

例 4-20 产生红外吸收的条件是什么？是否所有的分子振动都会产生红外吸收光谱？为什么？

解 条件是激发能与分子的振动能级差相匹配，同时有偶极矩的变化。

不是所有的分子都会产生红外吸收光谱，具有红外吸收活性，只有发生偶极矩的变化时才会产生红外光谱。

4.4 实用案例

案例 4-1 某压力表，量程范围为 $0 \sim 25 \text{MPa}$，1 级精确度，压力表的标尺总角度为 $270°$，经检定结果如表 4-11 所示。试求：①各点示值的绝对误差；②仪表基本误差的绝对值与引用值；③判断该表在精确度方面是否合格；④求仪表的平均灵敏度。

表 4-11　压力表鉴定数据

被测压力 p/MPa	0	5	10	15	20	25
示值 x/MPa	0.1	4.95	10.2	15.1	19.9	24.9

解 ① 由示值绝对误差 $\delta = x - a$，可得各点示值绝对误差（MPa）分别为：
$$0.1, \ -0.05, \ 0.2, \ 0.1, \ -0.1, \ -0.1$$
② 求仪表的基本误差：

绝对值　　　　　　　　$\delta_b = |\delta|_{max} = |0.2| = 0.2 \ (\text{MPa})$

引用值　　　　　　　　$\gamma_b = \dfrac{|\delta|_{max}}{A} \times 100\% = \dfrac{0.2}{25} \times 100\% = 0.8\%$

③ 判断。先求仪表允许误差：

引用值：因仪表为 1 级精确度，所以 $\gamma_a = 1\%$。

绝对值：$\delta_a = \gamma_a \times A = 1\% \times 25 = 0.25 \ (\text{MPa})$

因 $\gamma_b < \gamma_a$（或者说，因 $\delta_b < \delta_a$），所以，该仪表合格。

④ 平均灵敏度为：
$$\overline{S} = \frac{\phi_{up} - \phi_{down}}{A} = \frac{270°}{25} = 10.8 \ (°/\text{MPa})$$

案例 4-2 用 S 型热电偶测温，已知冷端温度为 $40℃$，而实测的热电势为 9.352mV，试求被测的温度值。

解 设被测温度用 t 表示，冷端温度用 t_0 表示，由题意知：
$$t_0 = 40℃, E(t,40) = 9.352 \text{mV}$$
而　　　　　　　　　　$E(t,0) = E(t,40) + E(40,0)$

由分度表查出　$E(40,0) = 0.235 \text{mV}$

所以　$E(t,0) = 9.352 + 0.235 = 9.587 \ (\text{mV})$

根据 $E(t,0)$ 值，由分度表直接查出 $t = 1000℃$，即为结果。

本题有一种错误做法，列在下面作为对比：

由实际电势 $E(t,40) = 9.352 \text{mV}$ 直接查分度表，得到温度 $t' \approx 980℃$，然后用下列式子求被测温度：
$$t = t' + 40 = 980 + 40 = 1020 \ (℃)$$

通过数值对比可知，此结果数值不正确。这种做法错误的原因是把热电偶的热电特性当成线性特性了。

案例 4-3 有一台空压机的缓冲罐，其工作压力变化范围为 $13.5 \sim 16 \text{MPa}$，工艺要求最大测量误差为 0.8MPa，试选用一合适的压力表（包含压力范围、精度等级）。供选用的压力表如表 4-12 所示。

表 4-12 供选用的压力表

名称	型号	测量范围/MPa	精度等级
弹簧管压力表	Y-60 Y-60T Y-60Z	$-0.1\sim0,0\sim0.1,0\sim0.25$ $0\sim0.4,0\sim1.0,0\sim1.6$ $0\sim2.5,0\sim4,0\sim6$	2.5
	Y-100 Y-100TQ	$-0.1\sim0.1,-0.1\sim0.5$ $0\sim0.25,0\sim6$	1.5
	Y-150T Y-150TQ	$-0.1\sim0.1,-0.1\sim0.5$ $0\sim0.25,0\sim6$	1.5
	Y-100 Y-100TQ Y-150 Y-150T	$0\sim10,0\sim16,0\sim25$ $0\sim40,0\sim60$	1.5
电接点压力表	YX-150 YX-150TQ YX-150A YX-150TQ YX-150	$-0.1\sim0.1,-0.1\sim0.5$ $-0.1\sim09,0\sim0.1,0\sim0.16$ $0\sim0.25,0\sim0.6,0\sim6$ $0\sim10,0\sim16,0\sim40,0\sim60$ $-0.1\sim0$	1.5
活塞式压力表	YS-2.5 YS-6 YS-60 YS-600	$-0.1\sim0.25$ $0.04\sim0.6$ $0.1\sim6$ $1\sim60$	0.02 0.05

解 因为该空压机的缓冲罐的压力脉动较大，所以选择仪表的上限为：

$$p=p_{\max}\times2=16\times2=32\text{MPa}$$

由上表可知，选用 YX-150 表，测量范围为 0~40MPa，符合量程的范围。

又有

$$\frac{13.5\text{MPa}}{40\text{MPa}}\geqslant\frac{1}{3}$$

故被测压力的最小值不低于满量程的 1/3，符合要求。其最大引用误差为：

$$\frac{0.8}{40}\times100=2\%$$

所以，可以选择测量范围为 0~40MPa，精度为 1.5 级的 YX-150 型电接点压力表。

案例 4-4 用电容液位计测量一液体储罐物料液位。已知储罐的内径为 4.2m，金属内电极直径为 3mm，液位最低位置与最高位置相差 $H=20$m，罐内空气含有一定量的瓦斯气，其介电系数为 13.275×10^{-12} F/m，液体介电系数为 39.825×10^{-12} F/m，求液位计的零点迁移电容值和量程电容值。

解 当液面最低时，即罐内 L 范围内全部为瓦斯气时：

$$C_{\min}=\frac{2\pi\varepsilon L}{\ln(D/d)}=\frac{2\pi\times13.275\times10^{-12}\times20}{\ln(4200/3)}=230.3\ (\text{pF})$$

当液面最低时，即罐内 L 范围内全部为液体时：

$$C_{\max}=\frac{2\pi\varepsilon_{液}L}{\ln(D/d)}=\frac{2\pi\times39.825\times10^{-12}\times20}{\ln(4200/3)}=690.8\ (\text{pF})$$

$$C_{\text{x}}=C_{\max}-C_{\min}=690.8-230.3=460.5\ (\text{pF})$$

所以仪表零点迁移电容值为230.3pF，量程为460.5pF。

4.5 思维拓展

4.5.1 开放训练

① 焚烧炉的控制系统过程中，如何准确、高效地实现温度测量？请选择合适的测温方式，完成测温设计。

② 根据控制原理知识，说明如何将非线性的热电偶实现线性化。

③ 微反应系统中如何准确快速的实现微小流量的测量？

④ 热电阻测量的最新发展如何？其在新能源领域有何特别优势？

⑤ 精馏塔系统中测量仪表如何选择，以满足精确快速实现控制？如果引入软测量，其有何影响？

4.5.2 模拟考核

（1）不定项选择

① 测量的具体方法是由（　　）等一系列的因素所决定的。

A.被测量的种类　　　　　　　　　　B.被测量数值的大小

C.所需要的测量精度　　　　　　　　D.测量速度的快慢

② 根据测量条件的不同，测量方法可以分为（　　）。

A.等精度测量法　　　B.直接测量法　　　C.接触测量　　　D.静态测量

③ 变送器是检测仪表中的中间环节，它由若干个部件组成，它的作用是（　　）。

A.输出信号进行变换　　　　　　　　B.放大和远距离传送

C.线性化处理　　　　　　　　　　　D.变换作用

④ 传感器的选用原则主要包括（　　）。

A.按测量方式选　　　B.按测量要求选　　　C.按性能价格比选　　　D.按先进程度选

（2）填空题

① 当输入量固定在零点不变时，输出量的变化值引起的漂移称为（　　）。一般情况下，用（　　）来表示漂移。

② 传感器首先是一个（　　），它以（　　）为目的；其次它又是一个（　　），在不同量之间进行（　　）。

③ 根据能量观点分类，可将传感器分为（　　）和（　　）两大类。

④ 测量蒸汽流量常选用（　　），测量焚烧炉内温度常选用（　　）。

（3）判断题

① 敏感元件泛指能直接感受、获取被测量并能输出与被测量有确定函数关系的其他物理量的元件。（　　）

② 按输入物理量分类传感器，其优点是比较明确地表达了传感器的用途。（　　）

③ 任何一种传感器在制成以后，都必须按照技术要求进行一系列的试验，以检验它是否达到原设计指标的要求。（　　）

④ 液柱式压力计测压的基本原理是流体动力学定理。（　　）

（4）作图题

① 图示表示检测仪表的组成框图。

② 作出工业热电偶测温系统框图。

③ 画出压差式流量计的组成图。

④ 设计易腐蚀、高黏度的液体的液位测试装置，画图说明。

4.6　练习题

4-1　已知某铜质电阻的阻值与温度之间的关系是 $R_t = R_0(1 + \alpha t)$，现在不同的温度下对该铜电阻进行等精度测量得到一组测量值如下：

序号	1	2	3	4	5	6	7	8
$t/℃$	20.1	25.3	30.9	36.0	41.1	46.3	51.4	56.2
R_t/Ω	76.80	78.55	80.25	82.05	83.80	85.45	87.30	89.15

试用最小二乘法求未知参数 R_0 与 α 的最佳估计值。

4-2　某台往复式压缩机的出口压力范围为 $25 \sim 28$MPa，测量误差不得大于 1MPa。工艺上要求就地观察，并能高低限报警。试正确选用一台压力表、指出型号、精度与测量范围。

4-3　有一压力容器在正常工作时压力范围为 $0.4 \sim 0.6$MPa，要求使用弹簧管压力表进行检测，并使测量误差不大于被测压力的 4%，试确定该压力表的量程和精度等级。

4-4　单管水银气压计，其刻度条件为 $t_0 = 0℃$，$g_B = 9.80665$m/s^2。仪表使用地点纬度为 $\varphi = 40°$，海拔高度为 30m，温度为 30℃，测量读数为 100.9736kPa。求实际压力（设水银的体膨胀系数 $\beta = 1.81 \times 10^{-4}℃^{-1}$，标尺材料为黄铜，其线膨胀系数 $\alpha = 1.9 \times 10^{-5}℃^{-1}$）。

4-5　已知某测点压力约 10MPa。要求其测量误差不超过 ± 0.1MPa。试确定该测点用的压力表标尺范围及精度等级。

4-6　用热电偶测温时，为什么要进行冷端温度补偿？其冷端温度补偿的方法有几种？

4-7　分析接触式和非接触式温度测量的优缺点及应用场合？

4-8　分析热电阻测温的误差来源有哪些？

4-9　简述使用补偿导线时应注意哪些问题？

4-10　在 600℃ 校验点，读得被校镍铬-镍硅热电偶（H 级）热电势为 25.03mV，标准铂铑 10-铂热电偶热电势为 5.260mV。若标准热电偶出厂证书中对应 600℃ 点的热电势值为 5.250mV，求该点温度实际值和被校热电偶误差。

4-11　现有 S 分度热电偶和动圈仪表组成的测温系统。被测温度已知为 1000℃，仪表所处环境温度为 30℃。现有二种方法产生指示温度：①将仪表机械零位调至 30℃，然后通上热电动势产生指示；②先通上热电动势产生指示温度，然后读数温度加上 30℃。试问哪种方法正确,相对误差为多少?

4-12　自动平衡电桥与电子电位差计外形十分相似,许多基本部件完全相同,请分析其使用上的差别。

4-13　某差压式流量计的流量刻度上限为 320m³/h,差压上限为 2.5kPa。当仪表指针指在 160 m³/h 时,求相应的差压是多少(流量计不带开方器)?

4-14　涡轮流量变送器的流量系数 $\xi = 15 \times 10^4$ 次/m³,显示仪表在 10min 内计算的脉冲数 $N = 6000$ 次,求流体的瞬时流量和 10min 内的累计流量。

4-15　差压式流量计使用时应注意哪些问题?

4-16　怎样选用物位测量仪表?通常需考虑哪些因素?

4-17　按工作原理不同,物位测量仪表有哪些主要类型?它们的工作原理各是什么?

4-18　红外线气体分析仪对气体进行定性分析和定量分析的依据是什么?

4-19　简述氧化锆氧量分析仪使用当中应注意哪些问题?

4-20　图 4-2 所示是一工业用带保护套管的热电阻,将其插入温度为 T 的被测介质中,忽略套管向外的散热,设套管及其内部的温度为 T_h,热电阻温度为 T_T。试建立带保护套管的热电阻的数学模型。

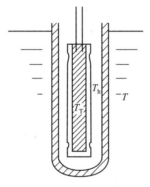

图 4-2　热电阻示意图

第5章
过程控制装置

5.1 重点和难点

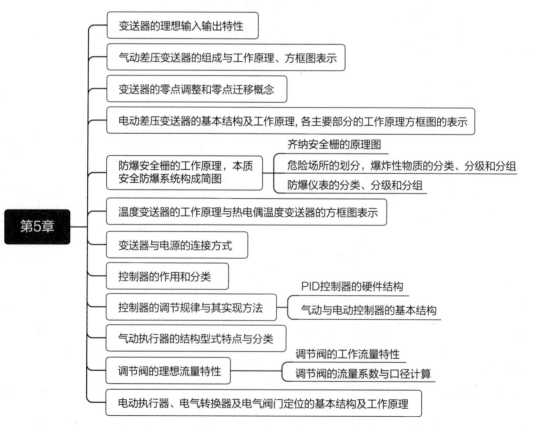

针对上述内容，重点掌握控制系统设计最为重要的控制装置——变送器、控制器和执行器，加强这些控制装置的结构、工作原理的理解，通过信号传递等贯穿学习这部分知识，以

便理解这部分内容。

由于目前控制装置的更新迭代快，重点在于将课本已有的成熟知识与目前最新的装置对比分析，更加清晰深入地理解这些控制装置的特点。

难点在于熟悉控制装置的设计和选型，以及根据学习的控制原理设计新的控制装置，或者优化传统的控制装置。

本章重点考查应用知识能力和工程素养，能力考查、知识点和学习重点的关系如表5-1所示。

表5-1 第5章能力考查、知识点和学习重点的关系

能力考查	知识点	学习重点
应用知识	针对控制系统的选型策略和思路	典型过程的控制装置设计选型
工程素养	各种控制装置的特点和逻辑关系	控制装置的相互联系

5.2 基本知识

（1）名词术语

本章主要介绍了构成过程控制装置的主要环节的典型结构特点。因此在学习本部分内容时，需要熟悉以下名词术语，包括变送器、变送器的静态特性、零点迁移、零点调整、电磁反馈装置、矢量机构、差动变压器、低频振荡器、防爆安全栅、直接作用控制器、间接作用控制器、调节阀的理想流量特性、直线流量特性、对数流量特性、快开流量特性、抛物线流量特性、调节阀的工作流量特性、流量系数、电气转换器、电-气阀门定位器、气开式、气关式、可调比等。

（2）差压变送器

变送器是单元组合仪表中不可缺少的基本单元之一。工业生产过程中，在测量元件将压力、温度、流量、液位等参数检测出来后，需要由变送器将测量元件的信号转换为一定的标准信号（如4～20mA直流电流），送往显示仪表或调节仪表进行显示、记录或调节。差压变送器用来把差压、流量、液位等被测参数转换成为统一标准信号，并将此统一信号输送给指示、记录仪表或控制器等，以实现对上述参数的显示、记录或调节。

① 气动差压变送器：以压缩空气为驱动能源的气动仪表，是本质安全型的。能将压力信号Δp_i成比例地转换成20～100kPa（DDZ—Ⅲ型）统一标准信号，送往控制器或显示仪表进行指示、记录和调节。

② 电动差压变送器：以电力为驱动能源，能将压力信号Δp_i成比例地转换成4～20mA（DDZ—Ⅲ型）直流电流统一标准信号，送往控制器或显示仪表进行指示、记录和调节。

③ 安全火花防爆仪表：安全火花是指该火花的能量不足以对其周围可燃介质构成点火源。若仪表在正常或事故状态所产生的火花均为安全火花，则称为安全火花型防爆仪表。

（3）控制器

控制器的作用是将参数测量值和规定的参数值（给定值）相比较后，得出被调量的偏差，再根据一定的调节规律产生输出信号，从而推动执行器工作，对生产过程进行自动调节。按照仪表所用能源，控制器可以分为两类：直接作用控制器和间接作用控制器。

电动 PID 控制器一般接受来自变送器的电流输出信号，变为电压信号后与给定值进行比较，产生偏差信号 e。该偏差信号经 PID 运算电路处理后，再由输出电路送出调节信号电流 I_o，以使执行器产生相应的动作。

（4）执行器

① 调节阀的类型。调节阀根据阀芯的动作形式，可分为直行程式和转角式两大类。直行程式阀主要包括直通双座阀、直通单座阀、角形阀、三通阀、高压阀、超高压阀、隔膜阀、阀体分离阀等；转角式阀有碟阀、凸轮挠曲阀、球阀等。

② 调节阀的选型。选择调节阀时应根据被调介质工艺条件及流体特性进行选取。调节阀的选型主要包括调节阀的口径选择、气开式/气关式型式选择、阀的固有流量特性选择以及阀的材质选择等，可参见有关调节阀的产品说明书。

在调节阀前后压差一定的情况下的流量特性称为调节阀的理想流量特性，它取决于阀芯的形状。调节阀的各种理想流量特性总结汇总如表 5-2 所示。过程控制系统常用的调节阀工作流量特性可参照表 5-3 选用。

表 5-2　理想流量特性及其数学表示

理想流量特性型式	数学表达式	相对开度对应的相对流量（$R=30$）		
		相对开度		
		10%	50%	80%
直线流量特性	$\dfrac{\mathrm{d}(\theta/\theta_{max})}{\mathrm{d}(l/L)}=K$	13.0%	51.7%	80.6%
等百分比流量特性	$\dfrac{\mathrm{d}(\theta/\theta_{max})}{\mathrm{d}(l/L)}=K(\theta/\theta_{max})$	4.67%	18.3%	50.8%
快开流量特性	$\dfrac{\mathrm{d}(\theta/\theta_{max})}{\mathrm{d}(l/L)}=K(\theta/\theta_{max})^{-1}$	21.7%	75.8%	96.13%
抛物线流量特性	$\dfrac{\mathrm{d}(\theta/\theta_{max})}{\mathrm{d}(l/L)}=K(\theta/\theta_{max})^{1/2}$	7.3%	35%	70%

表 5-3　调节阀工作流量特性的选择

控制系统		主要干扰	附加条件	选用工作流量特性
流量		给定值	带开方器	直线
			不带开方器	对数
		调节阀压差 p_1-p_2	带开方器	对数
			不带开方器	对数
温度		给定值		直线
		调节阀压差 p_1-p_2		对数
		调节流体的温度 T_3、T_4		对数
		被调流体的入口温度 T_1		直线
		被调流体的流量 q_{v1}		对数

续表

控制系统		主要干扰	附加条件	选用工作流量特性
压力		给定值	液体	对数
		相对检测点的调节阀另一侧压力 p_1		对数
		管路及设备阻力 C_0		对数
		相对检测点的 C_0 另一侧压力 p_3		对数
		给定值	气体	对数
		相对检测点的调节阀另一侧压力 p_1		对数
		管路及设备阻力 C_0		对数
		相对检测点的 C_0 另一侧压力 p_3		对数
液位	入口调节	给定值		直线
		被调液位设备出口处的阻力 C_0		直线
	出口调节	给定值		对数
		被调液位设备出口处流量 q_{v1}		直线

从过程控制看，等百分比（对数）流量特性在行程小时，流量变化小；行程大时，流量变化大。这能使控制过程比较缓和，有利于控制系统的正常运行，因而对控制效果有利。

5.3 例题解析

例 5-1 喷嘴挡板机构由哪些气动元件组成？它们的作用是什么？

解 喷嘴-挡板机构是由喷嘴和挡板构成的变气阻、一个恒气阻和一个气容串联而成的节流通室，作用是将输入的微小位移信号（即挡板相对于喷嘴的距离）转换成相应的气压信号输出。

例 5-2 简述膜片式 PI 控制器的工作原理。

解 膜片式 PI 控制器是根据力矩平衡原理工作的，由比较部分、比例部分、积分部分、放大部分、开关部分等组成。其中比较部分由测量气室、给定气容和比较部分芯杆所联系起来的膜片组成；比例部分使输出 $\Delta p_出 = K_P p_入$；积分部分用积分气容和跟踪气室串联在积分正反馈回路里，$\Delta p_出 = \dfrac{K_P}{T_I} \int_0^t p_入 \mathrm{d}t$；放大部分紧跟积分部分，实现信号变大；开关部分用来控制控制器输出的通断。

例 5-3 被控对象、执行器、控制器的正反作用方向各是怎样规定的？

解 被控对象的正反作用方向规定为：当操纵变量增加时，被控变量也增加的对象属于"正作用"；反之，被控变量随操纵变量的增加而降低的对象属于"反作用"。

执行器的作用方向由它的气开、气关形式确定。气开阀为"正"方向；气关阀为"反"方向。

如果将控制器的输入偏差信号定义为测量值减去给定值，那么当偏差增加时，其输出也增加的控制器称为"正作用"控制器；反之，控制器的输出信号随偏差的增加而减小的称为"反作用"控制器。

例 5-4 为什么要考虑控制器的正反作用？如何选择？

解 选择控制器的正反作用的目的是使系统中控制器、执行器、对象三个环节组合起来，能在系统中起负反馈的作用。

选择控制器正反作用的一般步骤是先由操纵变量对被控变量的影响方向来确定对象的作用方向，然后由工艺安全条件来确定执行器的气开、气关型式，最后根据对象、执行器、控制器三个环节作用方向组合后为"负"来选择执行器的正反作用。

例 5-5 某台 DDZ-Ⅲ型控制器，其比例度 $\delta=50\%$，积分时间 $T_I=0.2\,\mathrm{min}$，微分时间 $T_D=2\,\mathrm{min}$，微分放大倍数 $K_D=10$，假定输出初始值为 $4\,\mathrm{mA}$，请写出在 $t=0^+$ 时施加 $0.5\,\mathrm{mA}$ 的阶跃信号下，比例积分、微分的输出表达式，并计算 $t=12\,\mathrm{s}$ 时该控制器的输出信号值。

解 比例输出为 $\quad \Delta I_P = \Delta I_I \dfrac{1}{\delta} = 0.5 \times \dfrac{1}{0.5} = 1 \ (\mathrm{mA})$

积分输出为 $\quad \Delta I_I = \dfrac{K_P}{T_I} \int DI_I \mathrm{d}t = \dfrac{2}{0.2} \int 0.5 \mathrm{d}t = 5t$

微分输出为：

$$\Delta I_D = K_P \left[(K_D - 1) \mathrm{e}^{-\frac{K_D}{T_D}} \right] \Delta I_I = 2 \times \left[(10-1) \mathrm{e}^{-\frac{10}{2}t} \right] \times 0.5 = 9 \mathrm{e}^{-5t}$$

在 $t=12\,\mathrm{s}=0.2\,\mathrm{min}$ 时，代入上述各式，计算得：

$$\Delta I_P = 1\,\mathrm{mA}, \quad \Delta I_I = 1\,\mathrm{mA}, \quad \Delta I_D = 3.3\,\mathrm{mA}$$

因此，在 $t=12\,\mathrm{s}$ 时，控制器的输出为：

$$I_0 = 4 + \Delta I_P + \Delta I_I + \Delta I_D = 9.3 \ (\mathrm{mA})$$

例 5-6 已知阀的最大流量 $Q_{max}=100\,\mathrm{m^3/h}$，可调范围 $R=30$。试分别计算在理想情况下阀的相对行程为 $\dfrac{\tau}{L}=0.1$，0.2，0.8，0.9 时的流量值 R，并比较不同理想流量特性（①直线流量特性，②等百分比流量特性）的控制阀在小开度时的流量变化情况。

解 ① 根据直线流量特性的相对流量与相对行程之间的关系：

$$\frac{Q}{Q_{max}} = \frac{1}{R}\left[1+(R-1)\frac{\tau}{L}\right]$$

分别代入：$Q_{max}=100\,\mathrm{m^3/h}$，$R=30$，$\dfrac{\tau}{L}=0.1$，$0.2$，$0.8$，$0.9$ 等数据，可计算出在相对行程为 0.1，0.2，0.8，0.9 时的流量值：

$$Q_{0.1}=13\,\mathrm{m^3/h}, \quad Q_{0.2}=22.67\,\mathrm{m^3/h}, \quad Q_{0.8}=80.67\,\mathrm{m^3/h}, \quad Q_{0.9}=90.33\,\mathrm{m^3/h}$$

② 根据直线流量特性的相对流量与相对行程之间的关系：

$$\frac{Q}{Q_{max}} = R^{\frac{\tau}{L}-1}$$

代入数据得：

$$Q_{0.1}=4.68\,\mathrm{m^3/h}, \quad Q_{0.2}=6.58\,\mathrm{m^3/h}, \quad Q_{0.8}=50.65\,\mathrm{m^3/h}, \quad Q_{0.9}=71.17\,\mathrm{m^3/h}$$

由上述数据可得，对于直线流量特性的控制阀，相对行程由 10% 变化到 20% 时，流量变化值为：$\dfrac{22.67-13}{13} \times 100\% = 74.4\%$；相对行程由 80% 变化到 90% 时，流量变化的相对值为

$\dfrac{90.33-80.67}{80.67}\times100\%=12\%$，由此可见，对于直线流量特性的控制阀，在小开度时，行程变化了 10%，流量就在原有基础上增加了 74.4%，控制作用很强，容易使系统产生振荡；在大开度时（80% 处），行程同样变化了 10%，流量只在原有基础上增加了 12%，控制作用很弱，控制不够及时有力，这是直线流量特性控制阀的一个缺陷。

对于等百分比流量特性的控制阀，相对行程由 10% 变为 20% 时，流量变化的相对值为 $\dfrac{71.17-50.65}{50.65}\times100\%=40\%$；相对行程由 80% 变为 90% 时，流量变化的相对值为 $\dfrac{71.17-50.65}{50.65}\times100\%=40\%$。故对于等百分比特性控制阀，不管是小开度或大开度时，行程同样变化了 10%，流量在原来基础上变化的相对百分数量相等，故称为等百分比流量特性。具有这种特性的控制阀，在同样的行程变化值下，小开度时，流量变化小，控制比较平稳缓和；大开度时，流量变化大，控制灵敏有效，这是它的优点。

例 5-7 简述电动差压变送器的作用及其特点。

解 电动差压变送器能将差压信号成比例地转换成 $4\sim20\text{mA}$ 直流电流统一标准信号，送往控制器或显示仪表进行指示、记录和调节。

电动差压变送器具有反应速度快、便于远距离输送等特点。

例 5-8 一台 DDZ-Ⅲ型温度变送器（变送器通用输出为 $4\sim20\text{mA}$），量程为 $400\sim600℃$，当温度从 $500℃$ 变化到 $550℃$ 时输出将如何变化？

解 $(20-4)/200\times(500-400)+4=12$（mA）

$(20-4)/200\times(550-400)+4=16$（mA）

故输出范围为：$12\sim16\text{mA}$。

例 5-9 PID 控制器由哪几部分组成？各部分有什么作用？

解 PID 控制器主要由输入电路、运算电路和输出电路组成。但在有的控制器中，输出电路与运算电路是一个不可分割的整体。此外，还可能附带有指示电路、手动操作电路及限幅电路。

PID 控制器各部分的作用主要是：

① 输入电路：输入电路提供给定信号，变换正作用和反作用，比较输入信号和给定信号；

② PID 运算电路：根据整定好的参数对偏差信号进行比例、微分和积分的运算，是控制器实现 PID 调节规律的关键环节；

③ 输出电路：将运算电路的输出信号做最后一次放大，或者作为运算电路主回路中放大器的最后一级，提供控制器的输出信号；

④ 手动操作电路：它能输出一个由操作人员控制的"手动电流"到执行器去，即人工控制；

⑤ 输出限幅电路：可以将控制器的输出限制在一定范围内，从而保证调节阀不处于危险开度。

例 5-10 对一台比例积分控制器作开环试验。已知 $K_c=2$，$T_I=0.5\text{min}$。若输入偏差如图 5-1 所示，试画出该控制器的输出信号变化曲线。

解 对于 PI 控制器，其输入输出的关系式为：

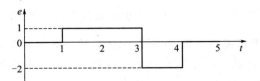

图 5-1 输入偏差信号变化曲线

$$\Delta p = K_c \left(e + \frac{1}{T_I} \int e \, dt \right)$$

将输出分为比例和积分两部分,分别画出后再叠加,就得到 PI 控制器的输出波形。比例部分的输出为:

$$\Delta p_P = K_c e$$

当 $K_c = 2$ 时,输出波形如图 5-2(a) 所示。积分部分的输出为:

$$\Delta p_I = \frac{K_c}{T_I} \int e \, dt$$

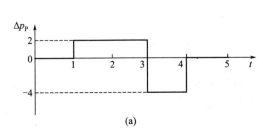

(a)

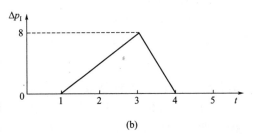

(b)

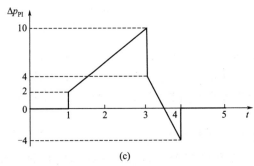

(c)

图 5-2 输出曲线图

当 $K_c = 2$,$T_I = 0.5\text{min}$ 时,$\Delta p_I = 4 \int e \, dt$。

在 $t = 0 \sim 1\text{min}$ 期间,由于 $e = 0$,故输出为 0。

在 $t = 1 \sim 3\text{min}$ 期间,由于 $e = 1$,所以 $t = 3\text{min}$ 时,其输出 $\Delta p_I = 4 \int_1^3 e \, dt = 8$。

在 $t = 3 \sim 4\text{min}$ 期间,由于 $e = -2$,故 $t = 4\text{min}$ 时,其积分总输出 $\Delta p_I = 4 \int_1^3 e \, dt - 4 \int_3^4 2 \, dt = 0$。

故 Δp_I 输出波形如图 5-2(b) 所示。将图 5-2(a)、(b) 曲线叠加,便可得到 PI 控制器的输出,如图 5-2(c) 所示。

例 5-11 调节阀的结构形式主要有哪些?各有什么特点?主要使用在什么场合?

解 调节阀的有关结构形式、特点和使用场合总结汇总如表5-4所示。

表 5-4　常用调节阀的特点及应用场合

类型	特点	主要使用场合
直通单座阀	结构简单、泄漏量小、易于保证关闭、不平衡力大	小口径、低压差
直通双座阀	不平衡力小、泄漏量较大	较为常用
角形阀	流路简单,阻力较小	现场管道要求直角连接、高压差、介质黏度大、含有少量悬浮物和颗粒状固体
三通阀	有三个出入口与工艺管道连接,可组成分流与合流两种型式	配比控制或旁路控制
隔膜阀	结构简单、流阻小、流通能力大、耐腐蚀性强	强酸、强碱、强腐蚀性、高黏度、含悬浮颗粒状的介质
蝶阀	结构简单、重量轻、价格便宜、流阻极小、泄漏量大	大口径、大流量、低压差,含少量纤维或悬浮颗粒状介质
球阀	阀芯与阀体都呈球形	流体介质的黏度高、脏污,双位控制

例 5-12　已知某调节阀串联在管道中,系统总压差为100kPa,阻力比为0.5。阀全开时流过水的最大流量为 $60\text{m}^3/\text{h}$。阀的理论可调范围为 $R=30$,假设流动状态为非阻塞流。试求该阀的额定(最大)流量系数 $C_{\max}$。

解
$$p_1-p_2=100\times0.5=50\ (\text{kPa})$$
$$C_{\max}=10q_{V\max}\sqrt{\frac{\rho}{p_1-p_2}}=10\times60\sqrt{\frac{1000}{100\times0.5\times1000}}=84.85$$

例 5-13　一台调节阀的额定流量系数 $C_{\max}=100$。当阀前后压差为200kPa时,其两种流体密度分别为 1.2g/cm^3 和 0.8g/cm^3,流动状态均为非阻塞流时,问所能通过的最大流量各是多少?

解　对于这两种流体,所能通过的最大流量分别为:
$$q_{V\max}=\frac{C_{\max}}{10}\sqrt{\frac{p_1-p_2}{\rho}}=\frac{100}{10}\times\sqrt{\frac{200}{1.2}}=129\ (\text{m}^3/\text{h})$$
$$q_{V\max}=\frac{C_{\max}}{10}\sqrt{\frac{p_1-p_2}{\rho}}=\frac{100}{10}\times\sqrt{\frac{200}{0.8}}=158\ (\text{m}^3/\text{h})$$

5.4　实用案例

案例 5-1　某贮罐内的压力变化范围为 12~15MPa,要求远传显示,试选择一台 DDZ-Ⅲ型压力变送器(包括准确度等级和量程)。如果压力由 12MPa 变化到 15MPa,请问这时压力变送器的输出变化了多少?如果附加迁移机构,问是否可以提高仪表的准确度和灵敏度?试举例说明。

解　如果已知某厂生产的 DDZ-Ⅲ型压力变送器的规格为:0~10,16,25,60,100MPa;精度等级均为 0.5 级;输出信号范围为 4~20mA。

由已知条件,最高压力为 15MPa,若贮罐内的压力是比较平稳的,取压力变送器的测量上限为：$15 \times \dfrac{3}{2} = 22.5$（MPa）。若选择测量范围为 0～25MPa，准确度等级为 0.5 级，这时允许的最大绝对误差为：$25 \times 0.5\% = 0.125$（MPa）。

由于变送器的测量范围为 0～25MPa，输出信号范围为 4～20mA，故压力为 12MPa 时，输出电流信号为：

$$\frac{12}{25} \times (20-4) + 4 = 11.68 \text{（mA）}$$

压力为 15MPa 时，输出电流信号为：

$$\frac{15}{25} \times (20-4) + 4 = 13.6 \text{（mA）}$$

因此，当贮罐内的压力由 12MPa 变化到 15MPa 时，变送器的输出电流只变化了 $13.6 - 11.68 = 1.92 \text{mA}$。

举例如下：在用差压变送器来测量液位时，由于在液位 $H = 0$ 时，差压变送器的输入差压信号 Δp 并不一定等于 0，故要考虑零点的迁移。加上迁移机构，可以改变测量的起始点，提高仪表的灵敏度（只不过这时仪表量程也要作相应改变）。如果确定量程正迁移量为 7MPa，则变送器的量程规格可选为 16MPa。那么此时变送器的实际测量范围为 7～23MPa，即输入压力为 7MPa 时，输出电流为 4mA；输入压力为 23MPa 时，输出电流为 20mA。这时如果输入压力为 12MPa，则输出电流为：

$$\frac{12-7}{23-7} \times (20-4) + 4 = 9 \text{（mA）}$$

输入压力为 15MPa 时，输出电流为：

$$\frac{15-7}{23-7} \times (20-4) + 4 = 12 \text{（mA）}$$

由此可知，当输入压力由 12MPa 变化到 15MPa 时，输出电流变化了 3.0mA，比不带迁移机构的变送器灵敏度提高了。

变送器的准确度等级仍为 0.5 级，此时仪表的最大允许绝对误差为：

$$(23-7) \times 0.5\% = 0.08 \text{（MPa）}$$

所以，由于增加了迁移机构，使仪表的测量误差减少了。

案例 5-2 某聚合反应釜内进行放热反应，釜温过高会发生事故，为此采用夹套水冷却。由于釜温控制要求较高，且冷却水压力、温度波动较大，故设置串级控制系统，如图 5-3 所示。试确定调节阀的气开、气关型式与控制器的正、反作用。

解 为了在气源中断时保证冷却水继续供给，以防止釜温过高，故调节阀应采用气关型，为"—"方向。

当冷却水流量增加时，釜温和夹套温度都是下降的，故对象为"—"方向。测量变送器为"+"方向，故按单回路系统的确定原则，副控制器 T_2C 应为"反"作用。

主控制器 T_1C 的作用方向可以这样来确定：由于主、副变量（温度 T_1、T_2）增加时，都要求冷却水的调节阀开大，因此主控制器应为"反"作用。

整个串级控制系统的工作过程：当夹套内温度 T_2（副变量）升高时，副控制器的输出降低，控制器开大，冷却水流量增加以克服副变量的波动。当釜内温度 T_1（主变量）升高时，主控制器 T_1C 的输出降低，即副控制器 T_2C 给定值降低，因此副控制器的输出降低，调节阀开大，冷却水流量增加以使釜内温度降下来。

由这个例子可以清楚地看出，串级控制系统主控制器的作用方向完全是由工艺情况确定

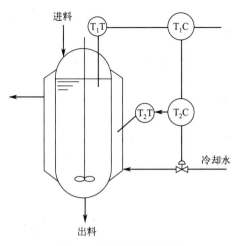

进料

冷却水

出料

图 5-3 聚合釜温度控制

的，与调节阀的开关型式、副控制器的正反作用完全无关。所以，串级控制系统的控制流程一经确定，即可按主、副变量变化对调节阀开度变化的要求直接确定主控制器的作用方向，然后按一般单回路控制系统，再确定调节阀的开、关型式及副控制器的作用方向，这将使整个串级控制系统控制器作用方向的确定工作简捷而方便。从大量实际的串级控制系统分析，发现大多数的串级控制系统主、副变量的变化对调节阀的动作方向要求是一致的，所以使用反作用方向的主控制器为多数。

案例 5-3 一台调节阀的流量系数 $C_{max} = 200$。当阀前后压差为 1.2MPa，流体密度为 $0.81g/cm^3$，流动状态为非阻塞流时，所能通过的最大流量为多少？如果压差变为 0.2MPa 时，所能通过的最大流量为多少？

解 由公式 $C_{max} = 10q_{V_{max}} \sqrt{\dfrac{\rho}{p_1 - p_2}}$ 得：

$$q_{V_{max}} = \frac{C_{max}}{10} \sqrt{\frac{p_1 - p_2}{\rho}} = \frac{200}{10} \times \sqrt{\frac{1200}{0.81}} = 769.8 m^3/h$$

当压差变为 0.2MPa，所能通过的最大流量为：

$$q'_{V_{max}} = \frac{C_{max}}{10} \sqrt{\frac{p_1 - p_2}{\rho}} = \frac{200}{10} \times \sqrt{\frac{200}{0.81}} = 314.3 m^3/h$$

上述结果表明，提高调节阀两端的压差时，对于同一尺寸的调节阀，会使所能通过的最大流量增加。换句话说，在工艺上要求的最大流量已经确定的情况下，增加阀两端的压差，可以减小所选择调节阀的尺寸（口径），以节省投资。这在控制方案选择时，有时是需要加以考虑的。例如离心泵的流量控制，其调节阀一般安装在出口管线上，而不安装在吸入管线上，这是因为离心泵的吸入高度（压头）是有限的，压差较小，将会影响调节阀的正常工作。同时，由于离心泵的吸入压头损失在调节阀上，会影响离心泵的正常工作。

案例 5-4 对于一台可调范围 $R = 30$ 的调节阀，已知其最大流量系数为 $C_{max} = 100$，流体密度为 $1g/cm^3$。阀由全关到全开时，由于串联管道的影响，使阀两端的压差由 100kPa 降为 60kPa，如果不考虑阀的泄漏量的影响，试计算系统的阻力比 s，并说明串联管道对可调范围的影响（假设被控流体为非阻塞的液体）。

解 由于阻力比 s 等于调节阀全开时阀上压差与系统总压差之比，在不考虑阀的泄漏量的影响时，阀全关时阀两端的压差就可视为系统总压差，故本系统总压差为 100kPa，阀全开时两端压差为 60kPa，所以阻力比 $s = 60/100 = 0.6$。

由于该阀的 $C_{max} = 100$，$R = 30$，在理想状况下，阀两端压差维持为 100kPa，流体密度为 $1g/cm^3$，则最大流量 $Q_{max} = 100m^3/h$，最小流量 $Q_{min} = 100/30 = 3.33 \ m^3/h$。当然，从节能的观点来看，$s$ 值大，说明耗在阀上的压降大，能量损失大。这是不利的一面。

5.5 思维拓展

5.5.1 开放训练

① 基于本章知识，如何设计具有本质安全的电-气转化装置？

② 控制器能否实现叠加组合，组合后对于控制规律有何影响？

③ 吸收法捕集二氧化碳系统中，为了实现精确的二氧化碳负荷控制，如何选择测量变送器、控制器、执行器？

④ 试建立任意非常规的调节阀的流量特性，说明其物理意义和应用前景。

⑤ 阀的气开、气关在控制系统设计时应该满足如何逻辑？

5.5.2 模拟考核

（1）不定项选择

① 过程控制装置由（   ）组成。

A. 测量变送单元　　　B. 控制器　　　　　C. 比较器　　　　　D. 执行器

② 差压变送器包括（   ）。

A. 双杠杆式　　　　　B. 矢量机构式　　　C. 微位移式　　　　D. 电压式

③ 低频振荡器是一个（   ）。

A. 变压器耦合的 L-C 振荡器　　　　　　B. 放大器耦合的 L-C 振荡器

C. 放大器耦合的 L-C 电路　　　　　　　D. 变压器耦合的 L-C 电路

④ 在石油、化工等工业过程的许多生产场合，存在着易燃、易爆的（   ）、（   ）或（   ）。

A. 气体　　　　　　　B. 粉尘　　　　　　C. 溶剂　　　　　　D. 其他易燃易爆材料

（2）填空题

① 按照变送器的驱动能源来分有（   ）和（   ）。

② 爆炸性物质分为（   ）、（   ）和（   ）。

③ 本质安全防爆仪表采用低的工作电压和小的工作电流，正常工作时电压（   ），电流（   ）。

④ 目前用得最多的防爆安全栅有（   ）与（   ）。

（3）判断题

① 工业生产过程中，在测量元件将压力、温度、流量、液位等参数检测出来后，需要由变送器将测量元件的信号转换为电信号。（   ）

② 量程调整目的是使变送器的输出信号的上限值与测量范围的上限值相对应。（   ）

③ 低频位移检测放大器实质上是一个位移/电流转换器。（   ）

④ 变送器中进行零点迁移，同时调整仪表量程，可提高仪表的测量精度和灵敏度。（　　）

（4）作图题

① 作图表示变送器的理想输入输出特性。

② 作出本质安全防爆系统构成简图。

③ 画出齐纳安全栅的原理图。

④ 作出直流毫伏变送器结构简图。

5.6　练习题

5-1　何为气动功率？功率放大器的作用是什么？为什么要使用功率放大器？

5-2　气动差压变送器由哪几部分组成？各部分的基本作用是什么？

5-3　两线制变送器同四线制变送器相比，具有什么特点？

5-4　控制器有什么作用？又是怎么分类的？

5-5　普通型控制器和电压整定型控制器有什么区别？

5-6　基型控制器有什么特点？

5-7　控制器有几种工作状态？各种工作状态下有怎样的工作特点？

5-8　气动执行机构主要有哪几种结构形式？各有什么特点？

5-9　调节阀的流量特性是指什么？

5-10　何为调节阀的理想流量特性和工作流量特性？

5-11　何为直线流量特性？试写出直线流量特性调节阀的相对流量与相对开度之间的关系式。

5-12　何为等百分比（对数）流量特性？试写出等百分比流量特性调节阀的相对流量与相对开度之间的关系式。

5-13　什么是串联管道中的阻力比 s？s 值的减少为什么会使理想流量特性发生畸变？

5-14　什么是并联管道中的分流比 x？试说明 x 值的变化对调节阀流量特性的影响。

5-15　什么叫气动执行器的气开式与气关式？其选择原则是什么？

5-16　什么是调节阀的流量系数 C？

5-17　简述电动执行器的功能与主要类型。

5-18　试简述电-气转换器及电-气阀门定位器在控制系统中的作用。

5-19　图 5-4 表示一受压容器，采用改变气体排出量的方法以维持容器内压力恒定，试问调节阀应选择气开式还是气关式？为什么？

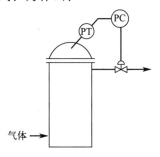

图 5-4　容器压力控制系统

5-20 图 5-5 表示一精馏塔的塔顶温度控制系统，试选择调节阀的气开、气关型式。

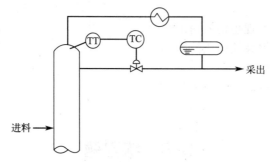

图 5-5 塔顶温度控制系统

5-21 试推导节流通室的比例关系。

5-22 一高位槽的出口流量需要进行平稳控制，但为防止高位槽液位过高而造成溢出事故，又需对槽的液位采取保护性措施。根据上述情况要求设计一选择性控制系统，画出该系统的结构图、方框图，选择调节阀的开关型式，控制器的正、反作用及选择器的高低类型，并简要说明该系统的工作过程。

5-23 假定有一如图 5-6 所示的精馏过程，主要产品由塔釜采出。根据这一具体情况，选择提馏段温度控制方案。试分析图 5-6 所示精馏塔提馏段单回路温度控制系统的合理性，并确定由温度与加热蒸汽流量构成的串级控制系统主、副控制器的正、反作用，已知调节阀为气关式。

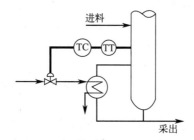

图 5-6 精馏塔提馏段温度控制系统

第6章

计算机控制系统

6.1 重点和难点

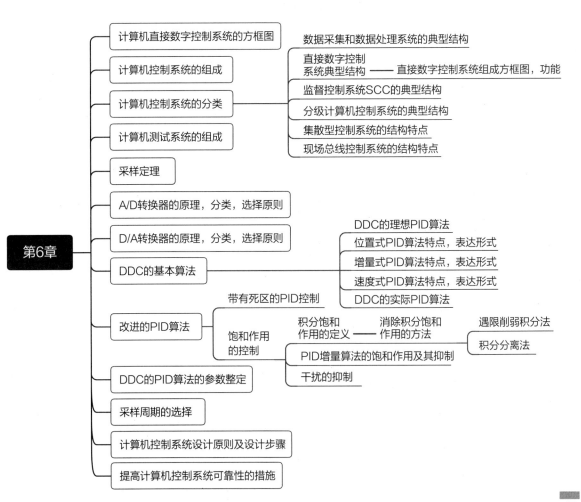

针对上述内容，加强常见的计算机控制系统的特点的理解，重点关注应用广泛的 DCS 等系统的学习。

由于计算机控制系统主要依赖于网络等信息手段，所以在学习时需要重点对比计算机控制系统和经典控制系统，加深对于计算机控制系统优势的理解。

难点在于掌握计算机控制系统的应用，即给定一个被控要求，需要能够选择合适的控制系统方案。

本章重点考查应用知识能力、创新能力和工程素质，通过学生分组设计、实验现场教学等实施过程性评价。能力考查、知识点和学习重点的关系如表 6-1 所示。

表 6-1　第 6 章能力考查、知识点和学习重点的关系

能力考查	知识点	学习重点
应用知识	计算机控制系统分类和特点	典型的计算机控制系统
创新能力	计算机控制系统的设计	控制系统设计的方法
工程素质	计算机控制系统的优化	案例应用

6.2　基本知识

（1）计算机控制系统

计算机控制是计算机技术与控制理论及自动化技术紧密结合并应用于实际的结果。计算机控制系统强调计算机是构成整个控制系统的核心。计算机在控制系统中取代了常规控制系统中的模拟控制器。此外，计算机处理信息以数字量为基础，所以在计算机取代常规模拟调节仪表时，必须要将模拟量转换为数字量；同理，当作为控制器的计算机计算出应该输出的控制量时，该控制量是一个数字量，必须将其先转换为模拟量，才可输送到执行机构上。

（2）计算机控制系统的实时性、在线方式与离线方式

在计算机控制系统中，生产过程和计算机控制系统直接连接，并接受计算机直接控制的方式称为在线方式；若生产过程不和计算机系统连接，或虽相连接但不受计算机控制，而是靠人进行简单联系并作相应操作的方式称为离线方式。

实时性是计算机控制系统的特点之一，是指信号的输入、计算和输出都要在一定的时间范围内完成。计算机对输入信息要以足够快的速度进行控制，若超过规定的时限就失去了控制的时机，控制可能失去意义。实时性是与具体过程密切相关的，一个在线的系统不一定是一个实时系统，但一个实时系统必定是一个在线系统。

（3）计算机控制系统的类型

计算机控制系统有多种分类标准，若根据系统的应用及结构特点，则可将计算机控制系统大致分为以下几种：

① 计算机巡回检测和操作指导系统。这种系统是一种开环控制系统，优点是可以用于试验新方案、新系统，其缺点是仍需要人工操作，速度受到限制，不能同时控制多个回路。

② 计算机直接数字控制系统。在这种系统中，计算机不仅完全取代模拟控制器直接参与闭环控制，而且只要通过改变程序即可实现一些较复杂的调节规律；它还可以与计算机监

督控制系统结合起来，构成分级控制系统，实现最优控制；同时也可作为计算机生产集成控制系统的最底层——直接过程控制层，与过程监控层、生产调度层、企业管理层、经营决策层等一起实现工厂综合自动化。

③ 计算机监督控制系统。该控制系统的主要优点是：它在计算时可以考虑很多常规控制器不能考虑的因素；可以进行过程操作的在线优化，始终如一地使生产过程在最优状态下运行；可以实现先进复杂的调节规律，满足产品的高质量控制要求；可以进行故障的诊断与预报，可靠性好。

④ 计算机集散控制系统。集散控制系统有很多优点，比较突出的一点是提高了系统的可靠性和灵活性；该系统由若干台微机分别承担任务，从而代替了集中控制的方式，将危险分散；它是积木式结构，构成灵活，易于扩展，系统的可靠性高；它采用数据通信技术，处理信息量大；与计算机集中控制方式相比，它的电缆和敷缆成本低，便于施工。

⑤ 现场总线控制系统。系统总成本低，可靠性高，且在统一的国际标准下可实现真正的开放式互联系统结构，因此它是一种很有前途的控制系统。

⑥ 工业过程计算机集成制造系统。这类系统除了常见的过程直接控制、先进控制与过程优化功能之外，还具有生产管理、收集经济信息等非传统控制功能。因此，计算机集成制造系统所要解决的不再是局部最优问题，而是一个工厂、一个企业以至一个区域的总目标或总任务的全局最优问题，即企业综合自动化问题。它反映了技术、经济、环境等各方面的综合性要求，是工业过程自动化及计算机控制发展的一个方向。

（4）数字 PID 控制器需要整定的参数

一般数字 PID 控制系统，采样周期选择得比较小，而被控对象又具有较大的时间常数（相对于系统的采样周期）。所以数字 PID 参数整定可按模拟 PID 参数整定的方法进行。数字 PID 参数整定就是要确定 T、K_P、T_I 和 T_D 四个参数。有多种整定方法，可供实际需要选择。

（5）A/D 转换方法的分类

A/D 转换的原理很多，主要有以下几种：

① 逐位逼近法。其原理是将逐位逼近寄存器 SAR 输出的二进制编码送至 D/A 转换器，D/A 转换器的输出电压与模拟量输入电压经比较器进行比较后，再控制 SAR 的数字逼近。

② 双积分式 A/D 转换器。双积分 A/D 转换是一种间接 A/D 转换技术，首先将模拟电压转换成积分时间，然后用数字脉冲方法转换成计数脉冲数，最后将此代表模拟输入电压大小的脉冲数转换成 BCD 码输出。

③ 计数式 A/D 转换器。特点是电路比较简单，价格便宜；缺点是转换速度较慢，因此目前较少应用。

④ 快速 A/D。随着计算机检测系统的测点数增多，被测信号的频率加快，对 A/D 转换速度的要求越来越高。要进一步提高转换速度，可采用快速 A/D。

（6）积分饱和

在 PID 控制中，积分作用是为了消除稳态偏差，提高控制精度，但长时间出现偏差或偏差较大时，PID 算法计算出的控制量有可能溢出。如果执行机构已到极限位置，仍然不能消除偏差时，由于积分作用，计算 PID 差分方程所得的运算结果继续增大或减小，但执行机构此时已无相应的动作，称该现象为积分饱和现象。当出现积分饱和时，超过 D/A 转换器数值范围的控制量将迫使执行机构长时间处于极限位置，势必使系统超调量增加，控制品质变坏。

防止积分饱和的办法有多种，最简单的是遇限停止积分法。一旦控制量进入饱和区，将控制量限幅，同时把积分作用切除掉，即

$$u(k) = \begin{cases} U_{max}, u(k) \geqslant U_{max}, 停止积分 \\ U_{min}, u(k) \leqslant U_{max}, 引入积分 \end{cases}$$

上述方法是已经出现了积分饱和，引起控制量达到极限值再停止积分。这时的积分累积比较大，退出饱和较慢。更积极的方法是设计不让积分累积过大，也就是偏差很大时不做积分控制，即采用积分分离法。即使发生积分饱和，其累积量不大，也能较快退出。克服积分饱和还可以用遇限削弱积分法、变速积分法等。

（7）理想微分 PID 控制算法和实际微分 PID 控制算法的区别

① 理想微分 PID 数字控制器的控制品质较差，其原因是微分作用仅局限于第一个采样周期有一个大幅值的输出。一般的工业用执行机构，无法在较短的采样周期内跟踪较大的微分作用输出，而且理想微分还容易引起高频干扰。

② 实际微分 PID 数字控制器的控制品质较好，其原因是微分作用能缓慢地持续多个采样周期，一般的工业用执行机构能比较好地跟踪微分作用输出。由于实际微分 PID 算法中含有一阶惯性环节，具有数字滤波能力，因此，抗干扰能力也较强。

（8）对计算机控制系统的基本要求

控制系统有不同的类型，每种类型都有其特殊要求。对计算机控制系统与连续控制系统的要求是类似的：

① 系统必须是稳定的。稳定的控制系统，当被控变量偏离期望值时，其偏差随时间的增长逐渐减小或趋于零。若系统不稳定，其被控量一旦偏离期望值，偏差将随时间的增长而发散，将无法实现控制任务。系统的稳定性是控制系统正常工作不可缺少的条件。

② 控制系统必须满足对其动态过程的形式和快速性的要求。

③ 系统必须满足稳态误差的要求。系统稳态情况一般用稳态误差来描述。在理想状态，动态过程结束，被控量所达到的稳态值应与期望值相同。但是实际系统，由于执行器摩擦间隙及其外界作用和系统结构等因素的影响，被控量的稳态值与期望值之间存在误差。这个误差称为稳态误差。这是衡量系统的重要指标，必须满足一定的要求。此外，根据实际情况可以对系统提出其他要求。

（9）集散系统的主要特点

集散控制系统是采用标准化、模块化和系列化的设计，由过程控制级、操作监控级和生产管理级组成的一个以通信网络为纽带的集中监视、操作和管理实用系统，其控制相对分散，配置灵活，组态方便，具有高可靠性。

集散控制系统的特点可归纳如下：

① 自主性。系统上各工作站是通过网络接口连接起来的，各工作站独立自主地完成自己的任务，且各站的容量可扩充，配套软件随时可组态加载，是一个能独立运行的高可靠性子系统。

② 协调性。实时高可靠的工业控制局部网络使整个系统信号共享，各站之间在总体功能及优化处理方面具有充分的协调性。

③ 在线性和实时性。通过人机接口和 I/O 接口，对过程对象的数据进行实时采集、分析、监视、操作控制，可进行系统结构组态、回路的在线修改、局部故障的在线维修。

④ 高可靠性。高可靠性是 DCS 的生命力所在，它从结构上采用容错设计，使得在任一个单元失效的情况下，仍然保存系统的完整性，即使全局性通信或管理失效，局部站仍能维

持工作。

⑤ 适应性、灵活性和可扩充性。硬件和软件采用开放式、标准化设计和系统积木式结构，具有灵活的配置，可适应不同的用户需求。

⑥ 友好性。DCS 软件面向工业控制技术人员、工艺技术人员和生产操作人员，采用了实用而简洁的人机会话系统、CRT 高分辨率交互图形显示、符合窗口技术，其画面丰富，菜单功能等具有实时性等，使用组态软件可以生成相应的实用系统，便于灵活更改与扩充。

（10）选择采样周期应考虑的因素

采样周期的选择要考虑以下一些因素，首先需满足三个基本条件：

① 从控制理论的稳定性分析可知，离散系统一般都有一个临界稳定的采样周期 T_w，要使系统稳定，采样周期 T 必须小于 T_w，即 $T < T_w$。

② 从采样信息的恢复来看，香农采样定律给出了采样周期满足信息恢复的条件：采样频率 ω_s 必须大于等于 2 倍的系统最高频率 ω_{max}，即 $\omega_c \geq 2\omega_{max}$。

③ 计算机执行控制程序和输入输出的时间 T_j 必须小于采样周期，即 $T > T_j$。

因为系统的最高频率不易确定，香农定理只有理论上的指导意义，实际采样周期的确定要考虑以下一些因素：

① 给定值的变化频率。系统的给定值变化频率越高，采样频率应越高。

② 被控对象的特性。若被控对象是缓慢变化的热工或化工对象，采样周期一般取得较大；若被控对象是较快速的系统，如电机系统，采样周期应取得较小。

③ 执行机构的类型。若执行机构动作惯性大，采样周期也应大一些，否则执行机构来不及反映数字控制器输出值的变化。如采用步进电机，采样周期较小；采用气动、液压机构时，采样周期较大。

④ 控制算法的类型。当采用 PID 算法时，积分作用和微分作用大小与采样周期的选择有关。选择的采样周期太小，将使微分作用不明显。

⑤ 控制的回路数。控制的回路数与采样周期有下列关系：

$$T \geq \sum_{j=1}^{n} T_j$$

式中，T_j 指第 j 回路控制程序执行时间与输入输出时间之和。

以上所考虑的因素有些是自相矛盾的，必须根据具体情况和系统的要求作出折中选择。

6.3 例题解析

例 6-1 离散的计算机控制系统，在什么情况下可以近似看作连续系统？

解 典型的计算机控制系统，尽管是一个离散系统，包含离散环节如数字计算机，多路开关，采样保持器，模数转换器和零阶保持器等。但是只要合理选择计算机控制系统的元器件，选择足够高的采样角频率或足够短的采样周期，离散的计算机控制系统可以近似看作连续系统。

例 6-2 用递推算法实现图 6-1 系统的全量和增量积分控制，已知 $K_I = 1.5$，$p = 0.5$，阀开度饱和 $u_{max} = \pm 1.2$，请计算系统的单位阶跃响应。

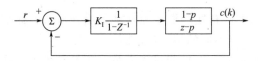

图 6-1 积分控制系统

解 误差采样点的值为：

$$e(k)=1(k)-c(k)$$

① 全量算法。积分控制器输出为：

$$u(k)=K_I\sum_{j=0}^{k}e(j)$$

由于阀位的非线性特性，当 $|u(k)|<u_{max}$ 时，阀位位置采样点的值 $u'(k)=u(k)$，当 $|u(k)|\geqslant u_{max}$ 时，则 $|u'(k)|=u_{max}$，因此可将阀位位置即阀门开度见图 6-2，可用下式仿真：

$$u'(k)=\begin{cases} u(k), & |u(k)|<u_{max} \\ +u_{max}, & u(k)\geqslant +u_{max} \\ -u_{max}, & u(k)\leqslant -u_{max} \end{cases}$$

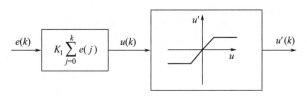

图 6-2 全量算法仿真模型

② 增量算法。积分控制器的输出为：

$$\Delta u(k)=K_I e(k)$$

积分部件实现控制量的积分为：

$$u(k)=u(k-1)+\Delta u(k)$$

阀位位置即阀门开度仿真算法为：

$$u'(k)=\begin{cases} u(k)=u(k-1)+\Delta u(k), & |u(k)|<u_{max} \\ +u_{max}, & u(k)\geqslant +u_{max} \\ -u_{max}, & u(k)\leqslant -u_{max} \end{cases}$$

系统输出为：

$$c(k)=(1-p)u'(k-1)+pc(k-1)$$

将两种算法仿真结果 $c(k)$ 及 $u'(t)$ 示于图 6-3 中，比较二者可知，由于阀位的饱和非线性，两种 PID 算法得到系统的动态特性不同，全量算法由于积分使阀位不易脱离饱和区，使阀位 $u'(t)=u_{max}$ 在系统工作初期持续较长时间（$t=0\sim7T$），导致系统超调较大，过渡过程时间较长。增量算法由于控制器输出的是控制量的增量 $\Delta u(k)$，积分作用在达到阀位的饱和限时就自动停止。因此阀位在 $t=3T$ 之后即在线性区工作，系统动态特性得到改善。如果系统整个工作过程均在阀位的线性区，则两种算法效果相同。

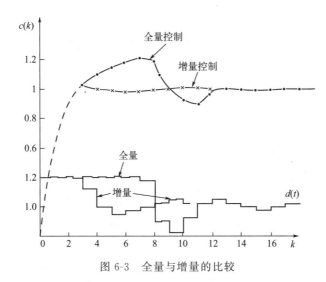

图 6-3 全量与增量的比较

例 6-3 某温度控制系统采用 PI 控制器。在调节阀扰动量 $\Delta u = 20\%$ 时，测得温度控制通道阶跃响应特性参数：稳定时温度变化 $\Delta\theta(\infty) = 60℃$；时间常数 $T = 300s$；纯迟延时间 $\tau = 10s$。温度变送器量程为 $0 \sim 100℃$，且温度变送器和控制器均为 DDZ-Ⅲ 型仪表。试求控制器 δ、T_I 的刻度值。

解 采用动态特性参数法，按 Z-N 公式：

$$KK'_c = 0.90(\tau/T)^{-1.0}$$

计算等效控制器的等效比例增益，即：

$$K'_c = \frac{0.9}{60/20} \times \left(\frac{10}{300}\right)^{-1.0} = 9$$

因为等效控制器由控制器、变送器和调节阀组成，因此：

$$K'_c = K_c K_m K_{v1}$$

其中变送器转换系数 $K_m = \dfrac{20-4}{100-0} \text{mA}/℃$，调节阀的转换系数 $K_{v1} = \dfrac{100-0}{20-4}\text{mA}$。这样，控制器的比例增益实际值为：

$$K_c = \frac{K'_c}{K_m K_{v1}} = \frac{9}{\dfrac{20-4}{100-0} \times \dfrac{100-0}{20-4}} = 9$$

相应的比例带为：

$$\delta = \frac{1}{K_c} = \frac{1}{9} = 11\%$$

控制器积分时间 T_I 的实际值，由公式 $T_I/T = 3.33(\tau/T)^{1.0}$ 可得：

$$T_I = 3.33\tau = 3.33 \times 10 = 33.3 \text{（s）}$$

因为控制器为 PI 工作方式，参数的实际值就是它的刻度值。

6.4 实用案例

案例 6-1 计算机控制系统如图 6-4 所示，采样周期 $T = 0.1\text{s}$，若数字控制器 $D(z) =$

K_D，试分析 K_D 对系统性能的影响以及选择 K_D 的方法。

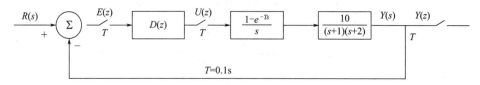

图 6-4　带数字 PID 控制器的计算机控制系统

解　系统的广义对象的 Z 传递函数为：

$$G_p(z) = Z\left[\frac{1-e^{-TS}}{s} \times \frac{10}{(s+1)(s+2)}\right] = Z\left\{(1-e^{-r})\left[\frac{5}{s} - \frac{10}{(s+1)} + \frac{5}{s+2}\right]\right\}$$

$$= \frac{0.0453z^{-1}(1+0.904z^{-1})}{(1-0.905z^{-1})(1-0.819z^{-1})} = \frac{0.0453(z+0.904)}{(z-0.905)(z-0.819)}$$

若数字控制器 $D(z) = K_D$，则系统的闭环 Z 传递函数为：

$$G_c(z) = \frac{Y(z)}{R(z)} = \frac{D(z)G_p(z)}{1+D(z)G_p(z)}$$

$$= \frac{0.0453(z+0.904)K_D}{z^2 - 1.724z + 0.741 + 0.0453K_D z + 0.04095K_D}$$

当 $K_D = 1$，系统在单位阶跃输入时，输出量的 Z 变换为：

$$Y(z) = \frac{0.0453z^2 + 0.04095z}{(z^2 - 2.679z^2 + 2.461z - 0.782)}$$

由 Z 变换性质，可求出输出序列 $y(kT)$。系统在单位阶跃输入时，输出量的稳态值为：

$$y(\infty) = \lim_{z \to 1}(z-1)G_c(z)R(z)$$

$$= \lim_{z \to 1} \frac{0.0453z(z+0.904)K_D}{z^2 - 1.724z + 0.741 + 0.0453K_D z + 0.04095K_D}$$

$$= \frac{0.08625K_D}{0.017 + 0.08625K_D}$$

当 $K_D = 1$ 时，$y(\infty) = 0.835$，稳态误差 $e = 0.165$；

当 $K_D = 2$ 时，$y(\infty) = 0.910$，稳态误差 $e = 0.09$。

由此可见，当 K_D 加大时，系统的稳态误差将减小。通常，比例系数是根据系统的静态速度误差系数 K_v 的要求来确定的。

$$K_v = \lim_{z \to 1}(z-1)HG(z)K_D$$

PID 控制中，积分控制可用来消除系统的稳态误差，因为只要存在偏差，积分所产生的信号总是用来消除稳态误差的，直到偏差为零，积分作用才停止。

案例 6-2　在某油田现场设计了热泵回收余热的控制系统，并将控制信号传递至中控系统，但是在测试过程中发现，信号一直波动，不能实现稳定的信号传输。请提出解决办法。

解　分析原因，可能存在共模干扰、串模干扰和长线传输干扰。对于上述三种干扰，解决办法如下：

① 共模干扰抑制。共模干扰产生的主要原因是不同"地"之间存在共模电压，以及模拟信号系统对地的漏阻抗。因此，共模干扰的抑制措施主要有以下三种：

ⅰ. 变压器隔离。利用变压器把模拟信号电路与数字信号电路隔离开来，即把模拟地与数字地断开，以使共模干扰电压形不成回路，从而抑制了共模干扰。

ⅱ.光电隔离。利用光电耦合器的线性特性，直接对模拟信号进行光电耦合传送，以抑制共模干扰。

ⅲ.浮地屏蔽。采用单层屏蔽双线采样浮地隔离式放大器，或双层屏蔽三线采样浮地隔离式放大器来抑制共模干扰电压。

② 串模干扰的抑制。对串模干扰的抑制较为困难，因为干扰直接与信号串联，只能从干扰信号的特性和来源来入手，分不同情况采取相应措施：

ⅰ.用双绞线作信号引线。串模干扰主要来源于空间电磁场干扰，采用双绞线作信号线的目的是减少电磁感应，并且使各个小环路的感应电势反向抵消。

ⅱ.滤波。采用滤波器抑制串模干扰是最常用的方法。

③ 采用终端阻抗匹配或始端阻抗匹配，可以消除长线传输中波反射或者把它抑制到最低限度。

案例 6-3 为了实现二氧化碳捕集，需要控制 2 台泵、2 台换热器的流量，以及供给蒸汽的流量。同时，需要检测进入捕集系统和捕集后的二氧化碳的浓度。请设计经济高效的控制器，并阐述其主要特点。

解 考虑到可编程控制器（PLC）一般是安装在工业控制现场，直接在工业环境中工作，而且要求的控制参数较少，因此选用可编程控制器。该可编程控制器与通用计算机相比有许多特点：

① 可靠性高。工业生产环境较恶劣，PLC 有很强的抗干扰能力。

② 有大量输入输出接口，组成系统很方便。

③ 编程简单。目前大多数 PLC 主要采用梯形图的编程方式，清晰直观。它的指令少，编程简单。

6.5 思维拓展

6.5.1 开放训练

① 对比分析 DCS 和 FCS，说明其应用的不同。

② 计算机控制系统在工业园中应用的优势有哪些？

③ 控制系统设计时如何尽可能地克服各种干扰？

④ PLC 设计时编程与被控对象的自身规律有何关系，如何在工程上实现？

⑤ 计算机控制系统的最新进展是什么？

6.5.2 模拟考核

（1）不定项选择

① 计算机控制与模拟控制系统不同之处是（　　　）。

A.控制器输出在时间上是离散的　　　　　B.检测信号的分析计算是数字化的

C.运算规律不同　　　　　　　　　　　　D.构成不同

② 看门狗（Watchdog）主要作用是（　　　）。

A.在系统因干扰出现异常时使用　　　　　B.使系统自动恢复正常工作运行

C. 提高系统的可靠性　　　　　　　　D. 解决系统运算问题

③ 数据采集和数据处理系统的工作主要是（　　　）。

A. 对大量的过程状态参数实现巡回检测　　B. 数据存储记录

C. 数据处理（计算、统计、整理）　　　　D. 进行实时数据分析

④ SCC 和 DDC 计算机之间是通过（　　）进行联系的，可简单地进行数据传送。

A. 数据　　　　　　　B. 0 和 1　　　　　　C. 信息　　　　　　D. 电压

（2）填空题

① 计算机主机是整个系统的核心装置，它由（　　　）、（　　　）和（　　　）等部分构成。

② 直接数字控制系统 DDC（direct digital control）中（　　　）对（　　　）的状态参数进行测试。

③ 分级控制一般分为三级，即（　　　）、（　　　）和（　　　）。

④ 集散型控制系统既有计算机控制系统控制（　　　）、（　　　）、（　　　）的优点，又有仪表控制系统（　　　）、（　　　）的优点。

（3）判断题

① 主机根据过程输入通道发送来的反映生产过程工况的各种信息和已确定的控制规律，作出相应的控制决策，并通过过程输出通道发出控制命令，达到预定的控制目的。（　　　）

② 在 D/A 转化过程中，每个采样周期时刻之间需要通过零阶保持器维持前一变化的信号直至下一采样时刻开始。（　　　）

③ 由于采用国际标准通信协议，使得不同厂商生产的集散型控制系统产品与网络之间可以实现最大限度地互联运行。（　　　）

④ 逐次逼近式 A/D 转换器的转换速度较快，转换精度从低到高。（　　　）

（4）作图题

① 图示表示计算机直接数字控制系统的方框图。

② 画出集散型控制系统的结构图。

③ 画出倒 R-2R 电阻网络 D/A 结构。

④ 作出单通道数据采集框图。

6.6　练习题

6-1　分布式数据采集系统与集中式数据采集系统比较，前者最大的优点是什么？如何根据现场条件来选择数据采集方式？

6-2　什么叫在线系统？什么叫实时系统？两者有何异同？

6-3　为什么说计算机控制系统通常具有数字-模拟混合的结构特点？其信号有何特点？

6-4　简述计算机控制系统的工作过程。

6-5　过程输入/输出通道在计算机控制系统中的作用是什么？

6-6　简述 A/D 与 D/A 的主要技术指标。

6-7　D/A 转换接口有哪两种常用的隔离方法，各有何优缺点？

6-8　试说明 P，I，D，PI，PD，PID 调节规律对控制性能的影响。

6-9　增量式 PID 算法相较于位置式 PID 算法有哪些优点？

6-10　什么叫位置式 PID 算法的积分饱和作用？如何加以抑制？

6-11 什么叫增量式 PID 算法的饱和作用？如何加以抑制？

6-12 为什么要引进积分分离 PID 算法？

6-13 什么是带死区的 PID 控制？

6-14 简述 PID 参数 K_P，T_I，T_D 对系统的动态特性和稳定特性的影响。

6-15 计算机控制的总体方案设计通常包含哪些内容？

6-16 设计一个过程计算机控制系统的主要设计方法有哪些？

6-17 数字控制器的连续化设计步骤是什么？

6-18 计算机控制系统的可靠性设计原则是什么？

6-19 叙述干扰的主要来源及其传播途径。

6-20 对来自电源的干扰有哪些抗干扰措施？

6-21 计算机控制系统中有哪几种地线？如何连接？

6-22 什么是可编程控制器？

6-23 可编程控制器由哪几部分组成？

第7章
典型过程控制系统应用方案及工业设计案例

7.1 重点和难点

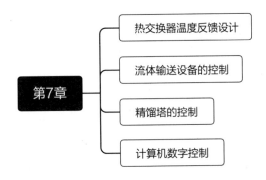

本章是前面知识的总结和提升。针对目前常见的被控对象和工艺过程，加强控制系统应用的理解，重点关注如何设计控制系统方案，以及进一步设计完整的控制系统。

由于控制系统设计所需知识面广，可以对比初步设计方案和工业设计实例的区别和联系，加深从知识到方案再到成熟设计的分析设计思路。

难点在于典型控制系统的设计，需要达到既能设计一个控制系统，又能充分完善评价其性能的学习目的。

本章重点考查学生的应用知识能力、创新能力和工程素质，能力考查、知识点和学习重点的关系如表7-1所示。

表7-1 第7章能力考查、知识点和学习重点的关系

能力考查	知识点	学习重点
应用知识	前六章所有相关知识	控制系统方案
创新能力	控制系统设计思路和完善	方案到设计实例的应用开发
工程素质	控制系统的优化完善	对比设计方案和设计实例

7.2 基本知识

单回路控制系统只有一个测量变送器、一个控制器、一个执行器（调节阀）与被控对象构成反馈闭环控制系统。由于具有系统结构简单、投资少、易于调整和投运的特点，又能满足一般工业生产过程的控制需要，故得到了广泛应用。

单回路控制系统的方案设计的基本原则包括合理选择被控参数和调节参数、信息的获取和变送、执行器（调节阀）的选择、控制器调节规律的选择以及正、反作用方式的确定等。

在单回路控制系统方案应用方面，一般包括以下步骤：

①生产过程工艺分析；②系统控制方案设计，包括选择被控参数、选择控制变量、选用过程检测控制仪表；③控制器参数的整定。

7.3 例题解析

例 7-1 简述燃油加热炉控制系统设计。

解 （1）燃油加热炉的工艺及技术要求

燃油加热炉是一种典型的工业窑炉。它一般通过燃烧油渣来获取热量，以便对工业生产中的原料和工件进行加热或熔炼。炉内各区的温度可通过控制各点喷油嘴和空气的流量来控制。为达到最佳燃烧控制，必须解决好以下三个方面的问题：

① 风油比调节。只有调节好空气和燃料的配比，才能实现最佳燃烧，达到节约能源、提高热效率的目的。

② 废气中的含氧量控制。废气中的含氧量是炉内燃烧情况好坏的一个标志。采用低过剩空气率燃烧，可以有效地降低能耗、提高热效率和防止污染。烟气中含氧量的控制方式主要有两大类：一类是单纯含氧量控制系统，另一类是利用废气中包含的氧气和 CO 等来校正风油比。

③ 炉膛压力调节及参数补偿。为了防止冷空气侵入和火焰外喷，炉膛压力要保持微正压。炉膛压力调节回路的任务就是根据微差压计测量到的信号，通过调节环节控制烟道风门翻板的开度，保持炉膛压力与环境大气压的差压在一定范围之内。

此外，为保持最佳燃烧状态，还要对燃料及空气的总管压力进行检测和调节，并对燃料、空气的温度以及燃料的热值等进行修正。

（2）燃油加热炉微机控制系统组成原理

从经济、可靠、满足工艺要求和技术要求的角度出发，本设计采用了两级计算机控制方案，结构如图 7-1 所示。

下位机作为 DDC 控制级，由 STD 工业控制机来完成对高温区和中温区温度的控制，并根据上位机计算的风油比实现最佳燃烧。它通过上位机的给定值和实测温度值，按照模糊控制算法计算出控制量后，经 D/A 转换，送入执行机构来调节燃油和空气阀门的开度。

上位机作为监督、管理级，由微型计算机完成。除了实现现场参数的显示、记录、打印和报警等功能外，还可对风油比值进行优化计算，以提高燃烧效率和控制质量。上位机通过

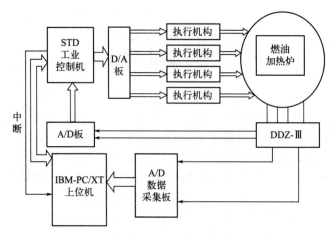

图 7-1　燃油加热炉控制系统总体框图

异步串行通信的方式，向下位机发出各种控制指令，如温度给定值、手动和自动切换等。

①上位机监测及管理系统的设计。作为监测管理的上位机，要对现场参数进行检测，必要时进行控制。测量变送部分是上位机和下位机所共有的。这里采用了 DDZ-Ⅲ型电动单元组合仪表进行测量和变送。

A.温度检测。检测的温度量有高、中、低三个温区的温度（700～1300℃），均采用铂铑-铂热电偶。排烟温度用镍铬-镍硅热电偶检测。燃油总管温度、助燃风总管温度以及其他一些温度的测量元件均为铂电阻，测温范围－200～500℃。

B.流量检测。燃油流量检测主要包括高、中温区重油流量。这里采用电容式差压流量计作为瞬时测量值。用计算机对其进行数字累计，以便进行经济核算。高、中温区助燃风流量采用环室喷嘴作为测量元件，用差压变送器测量喷嘴前后的压差，通过计算机对测得的压差进行开方运算，再乘以比例系数，得到实际流量。

C.压力检测。燃油总管压力采用压力变送器检测，测量范围为 0～0.392MPa。由于压力、差压变送器的输出均为 4～20mA 直流电流。为了与数据采集板相连，通过配电器变换成 1～5V 直流电压信号。

D.烟气含氧量检测。烟气含氧量的测量采用炉壁采样式氧化锆分析仪，测量范围有两挡：0～10％氧气含量，10％～20％氧气含量。

除上述的检测以外，为保证系统可靠运行，还采用了 DDZ-Ⅲ型单元组合仪表中的电动手操器作为自动控制的后备。电动执行机构用于调节空气蝶阀和燃油单座直通阀的开度。数据采集系统还配备了一块快速数据采集接口板。该接口板有 32 路模拟输入和 1 路模拟输出。

上位机监督管理软件具有如下功能：

a.对下位机发出各种控制指令，如进入手动状态、自动状态，中温区、高温区温度给定，风油比的设定及优化。

b.集中显示温度、流量、压力等瞬时值，并设置了越限报警。

c.对各温区的温度及各种主要参数进行记录、打印。

d.用键盘给出控制量，并通过下位机向执行机构送出。

上位机主程序框图如图 7-2 所示。

②下位控制机的设计。下位机在整个系统中起着直接控制作用，所以应选用高度可靠的计算机。STD 总线计算机是一种适合工业现场的控制计算机，而且接口模板种类齐全。该系统 STD 计算机配置如下：CPU 主板为 64kB 存储器板；8 位 A/D、D/A 转换接口板；

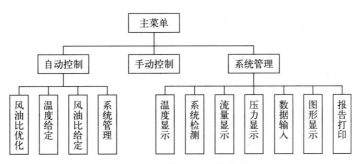

图 7-2　上位机主程序菜单

V/I 转换及高精度电压转换板。STD 下位机控制系统结构如图 7-3 所示。燃烧控制过程可由图 7-4 说明。

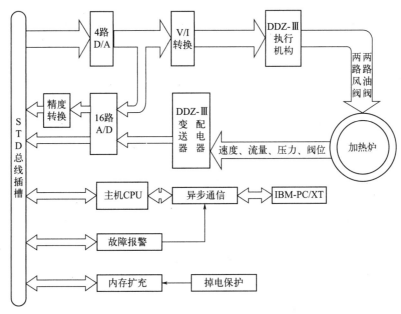

图 7-3　STD 控制系统结构图

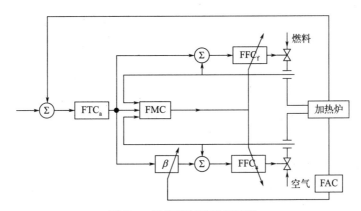

图 7-4　燃烧控制系统原理图

图 7-4 中 FTC_a 为温度控制器，它根据温度信号的反馈计算出油量和风量的稳定值。 FFC_f 和 FFC_a 分别为燃料流量和空气流量控制器，它根据燃油和空气流量反馈信号调节燃

料和空气的流量，使之保持恒定。FMC为输出比例因子修正控制器，它通过判断负荷变化信号，修正输出比例因子，保持恒定的风油比。FAC为风油比模糊寻优控制器，它不断发出探测信号，通过对含氧量的测量，计算最低损耗，搜索最佳风油比。

实际应用表明，该系统稳定性和鲁棒性均好于常规的控制系统，控制精度明显提高。

例 7-2 高温烧结电阻炉炉温控制系统方案设计。以材料实验室的一台5kW高温烧结电阻炉为控制对象，要求在烧成带范围1100～1400℃的任一设定点实现精确恒温控温。正负偏差不超过1℃，并能在烧成带范围实现时间温度曲线预置与自动调整功能。

解 本例的控制对象和任务不复杂，电阻炉是一个具有自平衡能力的对象，可用一阶惯性环节和一个延迟环节来近似，构成对象检测与功率驱动的部件，如热电偶、温度变送器、晶闸管调压器等可选型配置。由于电阻炉的时间常数较大，晶闸管调压器、温度变送器、功率放大器等环节可简化为比例环节，这样可得到各个环节组成的传递函数，并获得被控对象的数学模型。数字控制器算法设计可采用经典的PID设计方法，也可采用直接数字控制器设计方法。由于温度加热系统为一阶滞后系统，故在需较高控制质量时，可采用大林算法或模糊控制算法。

方案设计的重点放在基于单片机设计开发专用控制计算机系统上，这方面的要求决定了开发工作量的大小，系统成本的高低，控制效果及质量的优劣。本方案确定选用ATMEL公司的AVR系列的AT90S8535单片机构造专用控制计算机，AT 90系列单片机通过在单一时钟周期内执行功能强大的指令，每1MHz可实现1MIPS的处理能力，可以优化功耗与速度之间的矛盾。AT90S8535单片机内部结构如图7-5。温度系统控制结构如图7-6所示。

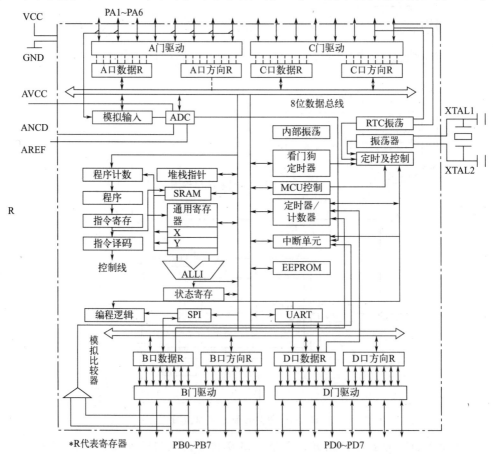

图 7-5　AT90S8535 单片机内部结构

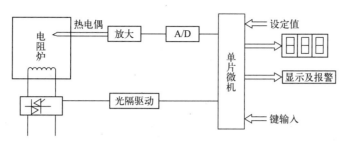

图 7-6　温度控制系统结构框图

（1）基本结构

本系统采用 AT90S8535 单片机作专用控制计算机。片内 8k Flash 程序存储器，512Byte 在线可编程 EEPROM，32 个可编程的 I/O 接口。控制系统的操作功能是由配置的 17 键键盘、6 位 LED 数码显示器来实现，一个蜂鸣器作定时完成报警和温度异常（超过设定值的 10%）报警。使用片内 I/O 接口的 PD0～PD7 为段控驱动，PA1～PA6 为位控驱动，以动态扫描方式驱动 6 位 LED 七段显示数字显示器，用于显示实测温度、定时时间和设置温度。左两位显示类别，右四位显示数字，它们由定时显示、设定显示两个键控制变换。

键盘使用片内 I/O 接口的 PC0～PC7 组成阵列，按照典型的键盘扫描技术识别与处理键功能，另有一个专用键，接 PB7，用于功能变换或启停。全部硬件可以封装在防爆式仪表盒中，使用性能较好。

电阻炉温度控制系统的硬件电路图如图 7-7。

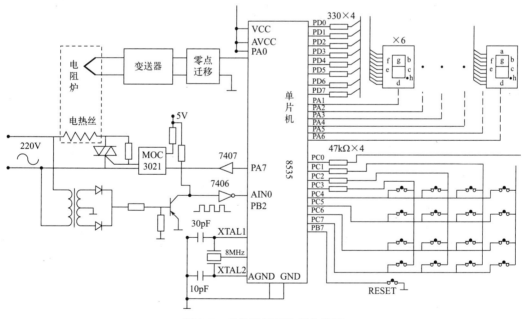

图 7-7　单片机温度控制电路图

（2）温度测量和给定值输入

在图 7-7 中，热电偶用来检测炉温，将电阻炉中的温度转变成毫伏级的电压信号，经温度变送器放大并转换成电流信号，再经零迁放大电路送至单片机 10 位 A/D 内入口 PA0。

通过采样和 A/D 转换，检测得到的电压信号和炉温给定值的电压信号都转换成数字量送入微机中进行比较，其差值即为实际炉温和给定炉温间的偏差。微机构成的数字控制器对偏差按一定的调节规律进行运算，运算结果转换成触发双向晶闸管导通角数据，从而控制电阻炉的加温电压，起到调节炉温的作用。值得注意的是，本系统为实现低成本，直接使用单片机内的 10 位 A/D 转换器，实现 1100～1400℃ 范围温度的高精度检测与转换方案，设计者利用了被控对象需求的特殊性，即仅在烧成带范围 1100～1400℃ 的任一设定点实现精确恒温控温要求，采取检测信号零点迁移技术，即把 1100℃ 以下的信号用比较放大器屏蔽，把 1100～1400℃ 信号放大为 0～5V 电压信号，只对 1100～1400℃ 范围的温度进行检测与转换，故用 10 位 A/D 就可以量化 0～300℃ 范围的温度，满足了要求。

（3）双向可控硅控制

控制系统采用双向可控硅调压方法来控制加热功率。在触发时，采用绝对触发方式。对双向可控硅，在交流电的每个半周都需输出一个触发脉冲。为此，把交流电经全波整流后，通过三极管变成过零脉冲，再反相后加到 AT90S8535 的 INT0 外中断口，作为同步基准脉冲使定时器 T0 计时移相时间 T_a，然后发出触发脉冲，通过 MOC3021 光电隔离双向可控硅驱动器驱动双向可控硅。

（4）控制系统软件结构

控制系统的采样周期对系统控制特性有一定的影响。采样周期太短，两次采样间隔的偏差变化值 e 将非常小，以致无法按照它来进行正常的模糊控制；但采样周期太长，系统反应太慢，可能出现超调甚至振荡。具体的采样周期与被控对象的特性（时间常数、滞后特性）有关，并且还与 A/D 分辨率有关。本例中，取采样周期为 3s。但采集的是 3s 中 12 次均衡布点的当前温度数据的累计值，这样的处理思路是将 e 放大 12 倍，提高数值运算精度。

全部软件由主程序和外部中断 0、定时器 0、定时器 1 中断程序及键处理、数据显示、数字控制器等子程序组成。主程序的流程图见图 7-8。

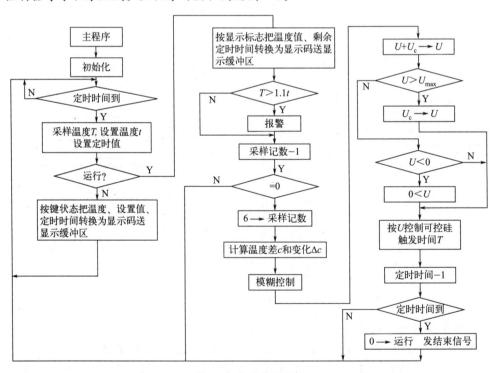

图 7-8 主程序流程图

主程序完成各种初始化任务后，主要执行键盘扫描及键功能子程序，并按键操作的状态把指定内容转换成显示码送到显示缓冲区。以后由定时器 T_1 中断处理程序来扫描输出数据显示类型及内容。温度的 A/D 采样在 T_0 中断服务程序中进行，进入运行状态立即开 T_0、INT_0 中断，每隔 0.25s 采样一组温度值，中值滤波，标度变换，存放备用。每 3s 进行一次数字控制器运算调节处理，计算出可控硅触发时间，设定移相定时标志（具体的可控硅触发控制由中断处理程序完成），并把温度值或剩余定时时间转换成显示码送到显示缓冲区。在发现温度超过设定值的 10%，发出报警信号转换，最后计定时时间，在定时时间到时，停止运行，发出报警信号。

中断处理程序中，外部中断 0 和定时器 T_0 中断相配合，完成同步输出双向可控硅触发脉冲。定时器 T_1 的周期为 10ms，它完成显示扫描和 0.25s 定时等功能。这些中断处理程序的框图见图 7-9。

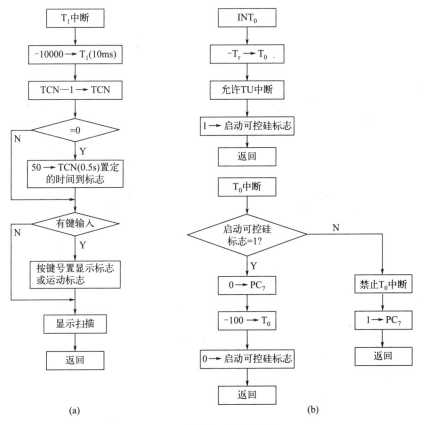

(a)   (b)

图 7-9 中断处理程序框图

（5）系统开发、仿真、调试与运行

AT90S8535 单片机的指令系统精简高效，汇编编程可在任何文字编辑工具软件中进行。AVR 单片机资源库中提供的实用实验程序，稍加修改，即可复制用于自己的编程中，加快设计进程。汇编程序源文件（.asm）调入 AVR 汇编器 AVR Assembler 1.3V 即可汇编成 .obj 和 .hex 文件供下载与仿真使用，AVR 提供的调试工具 AVR Studio 4.5V 功能强大，方便实用，提供多窗口操作，有 I/O 窗、源文件窗、CPU 窗、数据窗等，有反汇编、断点、单步、触发、排错等操作功能，在硬、软件两种环境下，均可方便地完成程序的开发与调试。AVR 还提供在系统编程功能的下载软件 AVR Prom，方便系统修改与实际运行调试。

例 7-3 贮槽液位控制系统设计。已知液体贮槽（见图 7-10）是在工业生产过程中普遍应用的设备，如水箱、中间缓冲容器、进料罐、成品槽等。为保证生产过程正常运行，必须改变进出贮槽的物料量。因此工艺要求贮槽内的液位维持在某个设定值上下，或者在小范围内变化，同时贮槽内的物料不得溢出。试为其设计出贮槽液位控制系统。

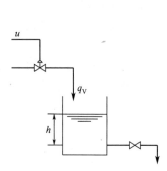

图 7-10　有自衡的液位过程

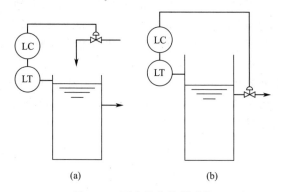

图 7-11　两个液位控制系统

解　（1）控制方案设计

① 确定被控变量。根据工艺概况，可以直接选择贮槽液位作为被控变量。

② 确定操纵变量。从液体贮槽过程看，流入贮槽的流量和流出贮槽的流量变化都会影响液位。一般情况下，流入量或流出量都能选作操纵变量，两者选其一即可。

带控制点的工艺流程图见图 7-11，其中图（a）中流入量作为操纵变量，流出量的变化则作为扰动；图（b）中流出量作为操纵变量，流入量的变化则作为扰动。

（2）选用仪表

① 通常选用 DDZ-Ⅲ型差压变送器测量贮槽液位，并输出测量信号。

② 采用气动薄膜调节阀。由于贮槽具有一阶过程特性，因此调节阀流量特性选对数流量特性。为了保证不发生物料溢出，应正确选择调节阀的气开或气关特性。如果采用以流入量作为操纵变量的控制方案，供气中断时须关闭调节阀，则应选气开阀；如果采用以流出量作为操纵变量的控制方案，供气中断时须打开调节阀，则应选气关阀。

③ 选择控制器控制规律和正、反作用方式。如果贮槽在生产过程中是起缓冲作用，其液位控制要求不高，则控制器选比例控制即可，且比例度可以选得稍大一些。如果贮槽在生产过程中作为计量槽使用时，则需要精确控制液位。控制器可以采用 PI 调节规律，以消除余差。结合调节阀的气开、气关特性，在以流入量作为操纵变量的控制方案中，控制器选反作用方式；而在以流出量作为操纵变量的控制方案中，控制器同样选反作用方式。

可以采用控制器参数工程整定方法中的任何一种进行控制器参数整定。

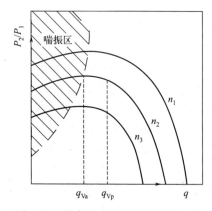

图 7-12　某离心式压缩机的特性曲线

例 7-4　关于离心压缩机防喘振的控制。离心式压缩机的特性曲线如图 7-12 所示。只要保证压缩机吸入流量大于临界吸入流量 q_{Vp}，系统就会工作在稳定区，不会发生喘振。为了使进入压缩机的气体流量保持在 q_{Vp} 以上，在生产负荷下降时，须将部分出口气从出口旁路返回到入口，或将部分出口气放空，保证系统工作稳定。试为其选择防喘振控制系统。

解 目前工业生产上采用两种不同的防喘振控制方案：固定极限流量（或称最小流量）法与可变极限流量法。下面分别介绍。

（1）固定极限流量防喘振控制

这种防喘振控制方案是使压缩机的流量始终保持大于某一固定值，即正常可以达到最高转速下的临界流量 q_{Vp}，从而避免进入喘振区运行。显然压缩机不论运行在哪一种转速下，只要满足压缩机流量大于 q_{Vp} 的条件，压缩机就不会产生喘振，其控制方案如图 7-13 所示。压缩机正常运行时，测量值大于设定值 q_{Vp}，则旁路阀完全关闭。如果测量值小于 q_{Vp}，则旁路阀打开，使一部分气体返回，直到压缩机的流量达到 q_{Vp} 为止，这样压缩机向外供气量减少了，但可以防止发生喘振。

固定极限防喘振控制系统与旁路控制法的主要差别在于检测点位置不一样，防喘振控制回路测量的是进压缩机流量，而一般流量控制回路测量的是从管网送来或是通往管网的流量。

固定极限流量防喘振控制方案简单，系统可靠性高，投资少，适用于固定转速场合。在变转速时，如果转速低到 n_2、n_3 时，流量的裕量过大，能量浪费很大。

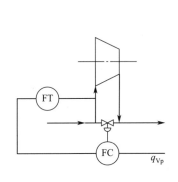

图 7-13 固定极限流量防喘振控制系统图

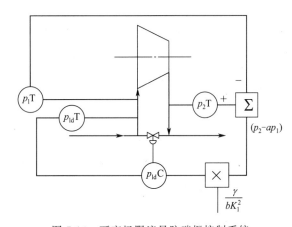

图 7-14 可变极限流量防喘振控制系统

（2）可变极限流量防喘振控制

为了减少压缩机的能量消耗，在压缩机负荷有可能经常波动的场合，采用可变极限流量防喘振控制方案。假如在压缩机吸入口测量流量，只要满足下式即可防止喘振产生：

$$\frac{p_2}{p_1} \leqslant \frac{bK_1^2 p_{1d}}{\gamma p_1} \quad 或 \quad p_{1d} \geqslant \frac{\gamma}{bK_1^2}(p_2 - ap_1)$$

式中 p_1——压缩机入口压力，绝对压力；

p_2——压缩机出口压力，绝对压力；

p_{1d}——入口流量 q_{V1} 的压差；

γ——常数，$\gamma = M/ZR$，M 为气体分子量，Z 为压缩系数，R 为气体常数；

K_1——孔板的流量系数；

a，b——常数。

按上式可构成如图 7-14 所示的可变极限流量防喘振控制系统。该方案取 p_{1d} 作为测量值，而 $\dfrac{\gamma}{bK_1^2}(p_2 - ap_1)$ 为设定值，是一个随动控制系统。当 p_{1d} 大于设定值时，旁路阀关闭；当 p_{1d} 小于设定值时，将旁路阀打开一部分，保证压缩机始终工作在稳定区，这样防止了喘振的产生。

例 7-5 请设计一个典型的锅炉燃烧过程的炉膛负压及有关安全保护控制系统，要求包括三个控制子系统：①炉膛负压控制系统；②防脱火系统；③防回火系统。

解 如图 7-15 所示是一个典型的锅炉燃烧过程的炉膛负压及有关安全保护控制系统。在这个控制方案中，共有 3 个控制系统，分别叙述如下：

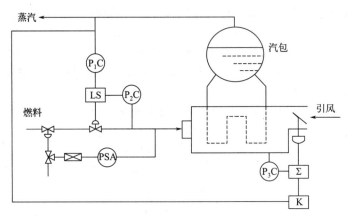

图 7-15 锅炉燃烧过程的炉膛负压及有关安全保护控制系统

① 炉膛负压控制系统。这是一个前馈-反馈控制系统，炉膛负压控制一般可通过控制引风量来实现，但当锅炉负荷变化较大时，单回路控制系统较难控制。因负荷变化后，燃料及送风量均将变化，但引风量只有在炉膛负压产生偏差时，才能由引风控制器去控制，这样引风量的变化落后于送风量，从而造成炉膛负压的较大波动。为此，用反映负荷变化的蒸汽压力作为前馈信号，组成前馈-反馈控制系统，K 为静态前馈放大系数，通常把炉膛负压控制在 -20Pa 左右。

② 防脱火系统。这是一个选择性控制系统，在燃烧嘴背压正常的情况下，由蒸汽压力控制器控制燃料阀，维持锅炉出口蒸汽压力稳定。当燃烧嘴背压过高时，为避免造成脱火危险，此时背压控制器 PS 通过低选器，LS 控制燃料阀，把阀关小，使背压下降，防止脱火。

③ 防回火系统。这是一个联锁保护系统，在燃烧嘴背压过低时，为防止回火的危险，由 PSA 系统带动联锁装置，把燃料的上游阀切断，以免回火现象发生。

例 7-6 设计一个具有压力补偿的反应釜温度控制系统。

解 如图 7-16 所示的控制系统，其温度控制系统的测量信号 T_c 不是釜内的温度测量值，而是经过由釜压校正后的值。校正的计算装置如图 7-16(b) 所示，由 RY1 及 RY2 两个运算装置组成。其中 RY1 是计算温度的，运算式为：

$$T_c = ap + T_0$$

而 RY2 是校正计算值用的，其运算式为：

$$T_0 = b\int (T_1 - T_c)\,\mathrm{d}t$$

压力补偿校正的思路是这样的：首先假定温度 T 与压力 P 具有如 $T_c = ap + T_0$ 的线性关系，这样可根据压力计算出对应的温度值。实际上 T-P 之间存在非线性关系，所以再按非线性加以校正。由于压力、温度关系改变得比较缓慢，故可按式 $T_0 = b\int (T_1 - T_c)\,\mathrm{d}t$ 进行逐步校正。

这种具有压力补偿的反应温度控制，对于大型的聚合釜特别有效，在使用中可把它同反应釜釜温与夹套温度串级控制相结合，组成如图 7-17 所示的控制系统。

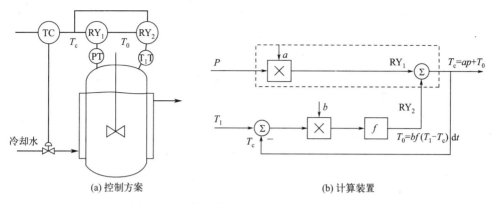

(a) 控制方案　　　　　　　　　　　　(b) 计算装置

图 7-16　具有压力补偿的反应釜温度控制系统

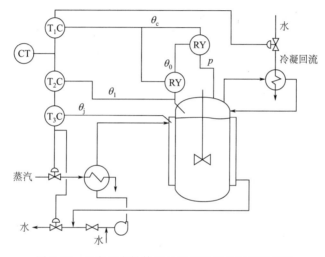

图 7-17　具有压力补偿的反应釜温度串级控制系统

在这一控制方案中，根据反应过程的要求，由程序给定器 CT 送出温度变化规律。开始阶段，反应釜夹套中的循环水用蒸汽加热，使反应釜升温，然后在循环水中加入冷水，在釜顶部应用冷凝回流对反应釜除热，使釜内反应温度按程序要求变化。其中 T_1C 温度控制器的测量信号采用有压力补偿的温度计算值，而 T_2C 与 T_3C 两个温度控制器组成通常的釜温 θ_1 对夹套温度 θ_j 的串级控制系统，它以分程方式控制蒸汽阀与冷水阀。

图 7-18 表示了有压力补偿和无压力补偿的情况，釜温控制的结果从图中可明显看出，有压力补偿后，对程序的跟踪响应较好，图中虚线为理想时序曲线。

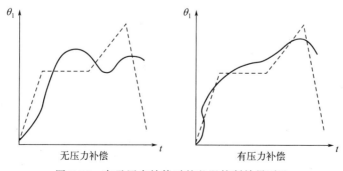

图 7-18　有无压力补偿时的釜温控制效果对比

例 7-7 图 7-19 为火力发电厂的过热蒸汽温度的单回路控制系统，为了保证锅炉过热器出口温度 T 稳定，在过热器的前面装备一个喷水减温器，利用减温水调节阀来控制减温水的流量，以达到控制过热器出口温度的目的，但由于对温度的控制要求比较高［要求温度波动不超过 ±(1～2)℃］，投运后发现此控制系统不能满足控制要求。请分析其原因并设计一满足控制要求的控制系统。

解 （1）系统分析

要分析此系统设计失败的原因，首先要从影响过热蒸汽温度的干扰上寻找原因。系统的主要干扰有：烟气流量和温度变化的干扰 f_1；入口蒸汽流量和温度的波动 f_2；减温水压力变化的干扰 f_3。

另外，作为控制对象的过热器，由于管壁金属的热容量很大而有较大的热惯性，管道较长，故有一定的纯滞后。对此单回路控制系统，当发生入口蒸汽或减温水波动时，要经过 T 的变化，控制器（计算机）才开始动作，去控制减温水的流量 q_V。而 q_V 改变后，又要经过一段时间，才能影响 T。这样一来，既不能及早发现干扰，又不能及时反映控制效果，将使出口温度 T 发生超出允许范围的动态偏差，达不到控制要求。

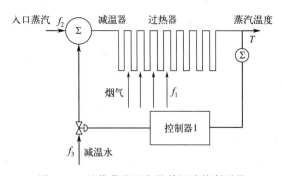

图 7-19　过热蒸汽温度的单回路控制系统

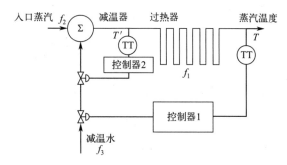

图 7-20　附加中间变量的锅炉过热蒸汽温度控制

（2）锅炉过热蒸汽串级温度控制系统

① 附加中间变量锅炉过热蒸汽温度控制。解决上述问题的办法之一是寻求一个能较快反映干扰和调节作用的中间变量，如减温器出口温度 T'，再用一个控制器 2 构成一个附加中间变量的锅炉过热蒸汽温度控制系统，如图 7-20 所示，这时入口蒸汽及减温水的干扰，首先反映为减温器出口温度的变化并能及时克服，因而大大减少了它们对出口温度的影响，提高了控制质量。但这需要增加一个调节阀，既增大了减温水管线的阻力又增加了投资，是一个不合理的方案。

② 锅炉过热蒸汽串级温度控制。对此问题比较好的解决方案是设计一串级控制系统。只要将图 7-20 过热器出口温度（控制器 1）的输出信号，用来改变控制器 2 的给定值，起着最后的校正作用即可。其串级控制系统结构如图 7-21(a) 所示，对应的锅炉过热蒸汽串级温度控制方框图如图 7-21(b) 所示。

（3）控制规律及控制器的选择

对串级控制系统来说，对中间变量控制要求不高，反应快即可，因此一般不引入积分作用，此处采用比例控制比较适合；而对主变量则相反，它的控制要求比较高，可应用 PI 控制来完成。控制计算机的选择依系统控制量的多少而定，此为一小规模的控制系统，可用单片机扩展系统来实现。

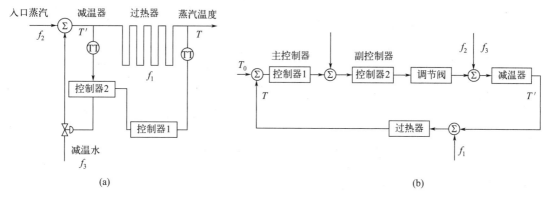

图 7-21　锅炉过热蒸汽串级温度控制系统

例 7-8　氯丁橡胶生产主要分两个工段：反应工段和合成工段。

反应工段：合格的乙炔在反应塔中催化剂的作用下，生成乙烯基乙炔（简称 MVA），同时生成乙醛、二乙烯基乙炔等的混合物，通称聚合体。这些混合气体经洗涤冷却、加压后在吸收塔中用吸收剂吸收，形成包含反应气的饱和吸收液；未吸收的气体多为未反应的气体，被循环使用。饱和吸收液经脱气塔进一步脱去乙炔气体后，进入解吸精馏塔，在其中进行常压分馏。塔顶出来的是高纯度的乙醛和乙烯基乙炔，塔底出来的吸收液一部分回流继续使用，一部分去油漆生产工段，除去其中的高聚物，形成副产品 DVA 油漆，并回收吸收剂。洗乙醛塔底出来的液体，经乙醛生产工段回收其中的乙醛。MVA 用作合成工段的原料。

合成工段：MVA 在合成塔催化剂的作用下与 HCl 发生合成反应，生成氯丁二烯、二氯丁烯等的混合物。经水洗、提浓后，未反应的 MVA 回流。氯丁二烯、二氯丁烯等经减压精馏一、二塔分馏后，再经干燥、中和后得到合格的氯丁二烯，到下工段应用。分馏出的二氯丁烯有毒，处理后放掉。

试为该装置设计氯丁橡胶生产过程的控制方案。

解　（1）工艺分析

本工艺的主要特点是：工艺复杂，主要产品及副产品都有毒，对人体有害；同时为了保证生产可靠运行，氯丁橡胶生产中的许多设备都有两个，使用一个，备用一个，如反应塔、合成塔、精馏塔等。

根据以上情况的分析，对控制系统提出如下要求：

① 控制装置的控制水平要高，要便于集中操作，减少工艺人员到现场的频率；

② 控制装置的可靠性要高；

③ 要能满足大量参数的检测和控制，同时兼顾未来生产规模扩大的需要。

为此可以选用美国 HONEYWELL 公司的 TDC-3000 集散控制系统，现场仪表选用它的智能变送器。此系统的控制功能、参数检测显示功能，完全可以满足系统的控制检测要求，同时采用集中操作方式，可靠性高，可以减少工艺人员到现场的频率，完全满足生产安全性和可靠性要求。

（2）系统构成

① 系统结构及功能。氯丁橡胶生产的分散型控制系统结构如图 7-22 所示。

由于操作时反应工段和合成工段是分开的，工艺车间也要求两个工段的操作互不影响。为此选择两台万能站（US）将两个工段分为两个区域，分别称为区域 1 和区域 2，由 US1 和 US2 分别管理。为便于两个 US 分享外设，将其归为一个控制台，控制站选用过程管理器（PM）。局部控制网络（LCN）上还挂有应用模件（AM）、历史模件（HM）、网络接口模件（NIM）。

② PM 的功能和现场仪表。PM 作为 TDC-3000 的过程控制站，它主要有以下功能：

a. 实现数据采集和控制功能，包括调节、逻辑和顺序控制功能等；

b. 与操作站和操作站的工程师、操作员的全能通信能力；

c. 支持局部控制网络的应用模件和上位机的高级控制策略；

d. 提供现场仪表和控制室的连接端口；

控制站与现场的连接如图 7-23 所示，其中 FTA 为现场终端组件。

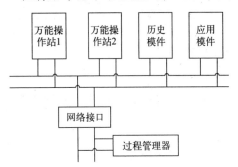

图 7-22　氯丁橡胶生产的分散型控制系统结构

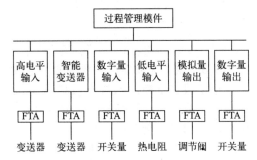

图 7-23　控制站与现场的连接示意图

③ 系统可靠性设计。TDC-3000 支持 1∶1 的冗余。从可靠性方面考虑，网络接口模件、过程管理器的电源、过程管理模件及部分输入输出处理器件（IOP）应采用 1∶1 的冗余，以保证控制站的可靠性。

对万能操作站，它是人-机对话的主要窗口，一旦发生故障，虽然检测控制仍在进行，但开车实际上已不可能。可见，其工作正常与否对生产极为重要。正常工作时，两个操作站分别操作区域 1 和区域 2，不允许互相操作。如果发生故障，在工程师操作下，只需不到一分钟的时间，就能使无故障的操作站操作有故障操作站的区域。

（3）流程图及控制回路的实现

① 流程设计。为便于操作人员操作，准确细致的流程图极为重要。因此，在两个区域应分别做好该区域的流程总貌和每个岗位流程图。在流程总貌中可以简略地看出本工段的流程情况，它不带工艺参数，可以通过触屏调出岗位流程图，方便快捷。在岗位流程图上，显示该岗位所有的工艺参数，此时可以操作、监视所有的控制变量，可以了解仪表的连接情况，并对工作的设备进行仪表的控制回路选择操作。需了解控制点的更多的信息，可以由此进入控制点的细目显示。

② 单回路控制的实现。在 PM 中，使用一个模拟输入点，一个调节控制点，一个模拟输出点即可完成一个简单的控制回路。如图 7-24 所示，其中输入处理器完成的功能有：数据采集滤波、累加、计算器、流量补偿、线性化等；输出处理器的功能；输出分段、输出方向、输出保持；控制算法功能：PID、带外复位反馈的 PID、比例控制、开关、增量加法、前馈 PD、位置比例、超驰选择等。

③ 两塔切换的串级 PID 控制回路。由于工艺原因，许多重要设备都是采用两个并联的控制回路，但是只有一个使

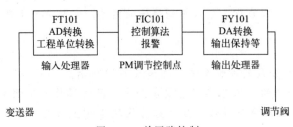

图 7-24　单回路控制

用，另一个备用。所以相同的调节回路应有两套，切换时利用 DCS 控制算法的开关功能，组态-软件点，由操作员在操作站上直接切换。对工作的设备的控制点，要禁止其报警和操作员操作，以防操作员误操作。

为操作方便，组态时这样进行：在流程图上选择设备时，开关点将自动设置好控制方式和输出回路。

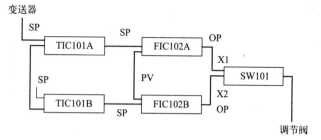

图 7-25　两塔切换的串级 PID 控制回路

若在流程图中选择设备 1 工作，那么，切换开关的工作方式就自动地被置为"串级""X1"输出状态，对应的设备 1 的控制回路投入运行，设备 2 的控制回路禁止输出；若选择设备 2工作，切换开关自动置为"串级""X2"输出状态，这时设备 1 的回路不能输出。操作员在操作中只要记住工作的设备并作出选择，不必考虑仪表的连接回路。回路如图 7-25 所示。

7.4　实用案例

案例 7-1　精馏塔控制系统设计实例。精馏塔是进行分离提纯的一种塔式气液接触装置。利用混合物中各组分具有不同的挥发度，即在同一温度下各组分的蒸气压不同这一性质，使液相中的轻组分（低沸物）转移到气相中，而气相中的重组分（高沸物）转移到液相中，从而实现分离的目的。塔也是石油化工生产中应用极为广泛的一种传质传热装置。以乙醇精馏为例（图 7-26），基本参数如表 7-2 和表 7-3 所示。

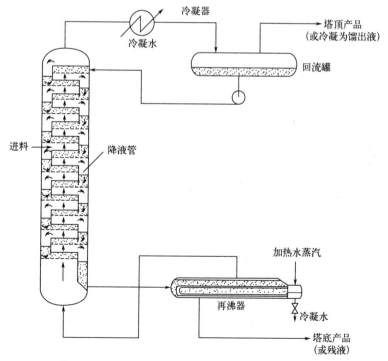

图 7-26　板式精馏塔工艺流程

表 7-2　板式精馏塔物料衡算

参数	类别		
	进料	塔顶	塔底
乙醇摩尔分数/%	16.77	81.82	0.0196
摩尔流量/(kmol/h)	68.055	12.22	55.835
平均密度 /(kg/m³)	1.105(气) 936.55(液)	1.433(气) 775.87(液)	0.591(气) 973.43(液)
	精馏段:1.269(气),856.21(液)		
	提馏段 0.848(气),856.21(液)		
平均摩尔质量 /(kg/kmol)	32.36	40.91(气) 41.31(液)	18.07(气) 18.005(液)
	精馏段:36.635(气),32.003(液)		
	提馏段:36.635(气),32.003(液)		

表 7-3　板式精馏塔工艺参数

参数	数值	
塔径/m	0.6	
回流比	最小回流比 R_{min}	1.3
	最小回流比倍数经验范围	$(1.1\sim2)R_{min}$
	实际回流比 R	1.95
塔板数/块	实际塔板数	38
	精馏段所需要的塔板数	29
	提馏段所需要的塔板数	8
	进料板	30

精馏塔的控制目标是在保证产品质量的前提下使塔的总成本最小、总收益最大。基于此，具体的精馏塔控制要求主要分为以下四个部分：

① 产品质量控制。精馏塔的质量指标指的是塔顶和塔底产品的纯度或组分浓度。一般要求是，塔顶或塔底中一端产品满足一定的纯度，而另一端产品纯度在一定的范围内，也可以两端产品都满足一定的纯度。通常，产品浓度要求只需与使用要求一致即可。如果过高，则对控制系统的偏离度要求就较高，这样会增大操作成本。

② 物料平衡控制。目标是控制回流罐和塔釜液位一定，维持物料平衡，保证精馏塔的正常平稳操作。

③ 能量平衡控制。精馏过程的能源消耗是多方面的，除了再沸器（或者热工质）和冷凝器之外，塔身、附属设备以及管线都会有热量消耗。能量平衡控制的目标是在维持塔内操作压力一定的条件下，使输入、输出能量处于平衡。

④ 约束条件控制。精馏过程的进行是在一定的约束条件下进行的，通常有以下一些约束条件：最大气相速度限、最小气相速度限、操作压力限和临界温度限。

精馏塔的主要干扰因素是进料状态，即进料流量 F、进料成分 x_F、进料温度 T_f 及热焓。其中，进料的流量波动是不可避免的；进料温度较为恒定；热焓取决于进料的相态，必要时可通过热焓控制维持恒定；进料组分一般不可控。除此之外，冷却剂和加热工质的温度、压力及环境温度都会影响精馏塔的平稳操作，这些干扰一般较小且可控。

精馏塔的控制系统设计应结合以上控制要求及主要干扰因素进行，请设计合适的控制方案，满足上述控制要求。

解 （1）设计思路分析

根据精馏塔工作原理设计控制方案，并且在该方案上进行控制系统方框图的设计、仪表的选型、传递函数的推导及对控制系统的仿真模拟分析，最后总结控制方案的优越性。设计思路如图 7-27 所示。

（2）控制方案设计——方案简述

控制系统总图见图 7-28。在精馏操作过程中，需要控制的工艺参数有压力、温度、流量与液位。保持压力与流量稳定是正常生产的前提条件，一般根据自身的变化来控制；保持温度和液位的稳定是获得合格产品的必要条件，常需通过调整操作变量来实现。故首先对被控变量、操作变量和被测变量进行确定。

① 被控变量。精馏过程为乙醇和水的分离，主要控制目标为获得具有一定浓度的乙醇，乙醇和水的精馏体系中乙醇在塔顶蒸出，水在塔底馏出，所以首要控制目标为塔顶产品乙醇的摩尔分数 x_D 和塔底水的摩尔分数 x_W。

回流罐中的液位 L_D 和塔底的液位 L_W 均需要保持在一定的上下限之间，所以 L_D 和 L_W 也是被控变量。

图 7-27
设计流程图

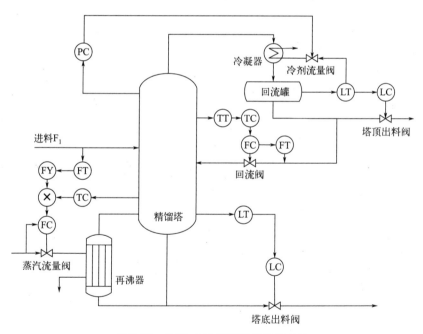

图 7-28 乙醇-水精馏塔控制系统总图

塔压影响着整个操作过程的安全性，塔压过大过小可能都会引起安全事故，而安全是所有的化工生产过程所需考虑的首要问题。另外，塔压大小还影响着精馏的分离效果，对蒸发器的操作产生主要影响，所以塔压是很重要的被控变量。

② 操作变量。操作变量选为塔顶产品采出量 D、塔底产品采出量 W、塔的回流比 R、冷却剂流量 q_c 以及加热工质的流量 q_h。

产品采出量 D 对回流罐的液位 L_D 有显著影响；底部产品采出量 W 对于塔底的液位 L_W

有显著影响，所以采用 D、W 分别控制液位 L_D 和 L_W。

精馏过程的主要产品是塔顶的乙醇，直接测量塔顶乙醇或者塔釜水的摩尔分数是很难的，但是乙醇和水的摩尔分数不同会导致混合物的饱和蒸气压不同，从而引起混合物的沸点不同，所以可以间接利用温度来代替产物的摩尔分数，温度又可以利用回流比来间接控制。所以塔顶可以采用串级控制，主控制量为塔顶的温度，副控制量为回流量。对于塔釜的温度控制，可以采用串级控制，塔釜温度为主控制量，再沸器的蒸汽流量 q_h 为副控制量。对于塔压的控制，可以选择操作变量为冷却剂的流量 q_c。

在这个分析过程中，需要考虑被控变量与操作变量配对的原则，可以结合静态关联分析、动态响应速度、重要性等因素进行配对选择，尽可能减少相互间的关联。具体可以采用"就近"原则的变量配对：既要满足控制的基本要求，又要尽可能减少对产品质量的影响。

③ 被测变量。被测变量包括：塔顶温度；由于产品成分无法在线测量，所以通常选择一个接近塔末端的塔板温度作为间接控制指标；塔顶的压力；采出量 D、W；回流量；冷却剂流量 q_c 和蒸汽流量 q_h。

实践表明，在压力一定时，温度是产品组成最直接的反映，馏出液组成与塔顶温度有关，釜液组成与塔釜温度有关。因此，控制产品质量最直接的方法就是控制塔顶与塔釜的操作温度，而温度的高低则通过控制回流量和上升蒸汽量来实现。因此制定了控制塔压，塔顶及塔釜温度，釜液及回流罐液的排出的控制策略。

（3）控制方案设计——控制结构的选择

根据精馏塔的工作原理，将精馏塔控制结构分为精馏段的控制、回流罐液位的控制、塔压的控制、提馏段的控制、塔釜液位的控制五个部分。

① 精馏段的控制。塔顶精馏段采用串级控制（图 7-29），主控制回路为温度控制回路，副控制回路为回流量控制回路。塔顶的控制系统主要目的是要控制塔顶的温度。温度又可以利用回流比来间接控制，为保持塔顶的温度稳定，可以根据回流量的变化，先对回流量迅速实现一个粗调作用，然后根据塔顶实际温度与给定值之间的偏差，进一步对回流量进行细调。主控制量为塔顶的温度，副控制量为回流量。塔顶精馏段采用串级控制的特点如下：

a. 塔顶的串级控制系统能迅速克服进入副回路的扰动。当回流量开始变化时，由于副回路的反馈控制作用，在塔顶的温度尚未发生变化时，副控制器就已作用于执行器调节流量变化，而不像单回路控制系统一定要等到塔顶温度发生变化才开始对流量进行控制，从而可以大幅度地减少塔顶温度的波动和缩短过渡过程时间，使控制品质得到明显改善。

b. 能改善被控对象的特性，提高系统克服干扰的能力。

c. 主回路对副对象具有"鲁棒性"，提高了系统的控制精度。

d. 加入了回流量作为操纵变量。

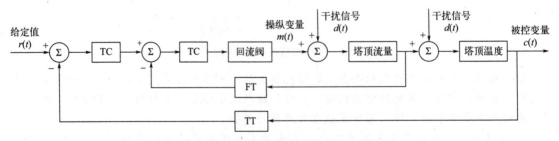

图 7-29 精馏塔精馏段控制系统方框图

② 回流罐液位的控制。回流罐液位需控制在一个设定的液位高度，通过持续采出回流

液来控制液位高度。由于液位控制精度要求不高，不需采用复杂控制系统，可以选择一个单回路控制系统，见图 7-30。

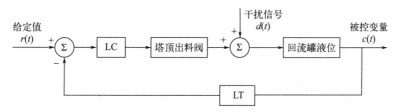

图 7-30　精馏塔回流罐液位控制系统方框图

③ 塔压的控制。塔压的大小可通过冷却介质的流量来控制。塔压控制采用单回路控制系统（图 7-31），设定值与压力测量变送器输出塔压的偏差作为控制器的输入信号，控制器输出信号作用于执行器使其控制冷剂的流量。通过对蒸汽的液化的控制使塔压力维持稳定。

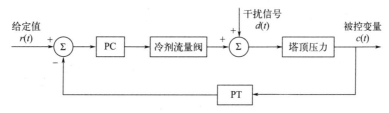

图 7-31　精馏塔压力控制系统方框图

④ 提馏段的控制。提馏段的控制采用前馈-反馈-串级控制系统（图 7-32）。提馏段温度为主控制变量，再沸器的蒸汽流量是副控制变量，进料量是前馈信号，当进料量有扰动存在时，前馈信号作用，提前产生补偿信号，使得扰动能够快速消除。

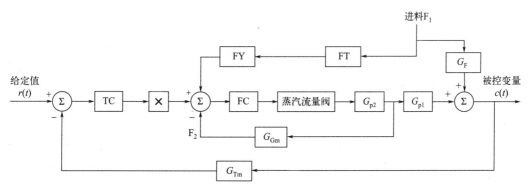

图 7-32　精馏塔提馏段控制系统方框图
G_F—前馈通道传递函数；G_{p1}，G_{p2}—前向通道传递函数；
G_{Gm}—副回路测量及变送环节传递函数；G_{Tm}—主回路测量及变送环节传递函数

控制塔釜的温度控制采用串级控制与前馈控制耦合系统。塔釜温度的控制可通过控制再沸器的蒸汽加热量来间接控制。为保持塔底的温度的稳定，可以根据加热蒸汽的变化，先对蒸汽量迅速实现一个"粗调"作用，然后根据塔底实际温度与给定值之间的偏差，进一步对加热蒸汽量进行细调。主控制量为塔底的温度，副控制量为加热蒸汽量。同时由于精馏塔进料前受前工序影响而波动，它影响精馏塔的稳定运行，因此可以用进料量作为前馈信号，开环控制再沸器的加热蒸汽量。前馈控制器的输出可改变蒸汽流量回路的设定值。

该前馈-反馈串级控制系统综合了前馈与反馈控制的优点，既发挥了前馈控制及时克服主要干扰的优点，又保持了反馈控制能克服多种干扰，始终保持被控变量等于给定值的优点。从前馈控制角度，由于增添了一个蒸汽流量的闭合回路，使前馈控制的精度得以提升，并能对未选作前馈信号的干扰产生校正作用；从反馈控制角度，由于前馈控制的存在，对干扰做了及时的粗调作用，大大减轻了反馈控制的负担。

⑤ 塔釜液位的控制。塔釜液位需控制在一个设定的液位，通过持续采出釜液来控制液位高度，仍然可以采用单回路控制系统（图 7-33）。

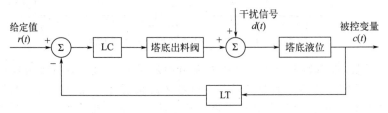

图 7-33　精馏塔塔底液位控制系统方框图

（4）仪表选型

① 测量变送仪表。

A. 液位测量。选用耐高温投入式液位变送器，主要技术参数：测量范围为 0～20m；精度为 0.25%；输出为 4～20mA；其他参数略。

B. 温度测量。选用 Pt 系列，技术参数：供电电源为 12～30V DC；输出为 4～20mA；静态精度为 ±1%；测量范围为 -50～250℃；其他参数略。

C. 压力测量。选用经济型压力变送器，它的技术特点为：压力量程为 -100kPa～100MPa；输出信号为 4～20mA；其他参数略。

D. 流量测量。

a. 涡轮流量变送器。选用 HSTL-LWGY-A 型（4～20mA 两线制远传变送型）测量乙醇-水体系，它的技术特点：信号输出为 4～20mA；供电电源为 24V DC；精度等级为 1.0～0.5 级；其他参数略。

b. 标准孔板＋差压变送器。其他体系的测量选用孔板流量计，孔板流量计节流装置与差压变送器配套使用，它们采用先进的微机技术与微功耗新技术，功能强，结构紧凑，操作简单，使用方便，而且可测量液体、蒸汽、气体的流量。

② 控制器。选择数字指示控制器 R35/36。

工作原理：控制器接受 PV 输入、RSP 输入、远程开关输入、通信输入等信号作为输入信号，经过控制运算部，进行开/关控制、PID 控制等，得到输出信号并通过执行机构控制，使其达到预期的效果。

主要技术参数：指示精度为 0.1%；输入类型为测温电阻、直流电流、直流电压的多量程；输出信号为 4～20mA；其他参数略。

③ 执行器。

A. 调节阀结构形式的选择。由于精馏塔中是乙醇-水精馏过程，介质中不含有固体颗粒和纤维，也不是高黏度流体；在整座精馏塔中操作压力的范围在常压附近，且调节阀前后压差较小，口径也不大；要求调节精度较高，故选择直通单座阀。它不仅满足设计需求，同时还具有密闭性能好、泄流量小等优点。

B. 调节阀执行机构的选择。执行机构根据所用能源的不同，可以分为气动、电动和液动三类。其中气动类执行机构具有价格低、结构简单、性能稳定、维护方便和本质安全性等特点，符合乙醇-水精馏过程的设计需要。同时由于乙醇易燃易爆，气动类执行机构在防爆处理场合应用十分广泛，故选择气动执行机构。

C.调节阀口径的计算和选择。一般情况下，所选用的调节阀的口径值并不一定就是安装管道的口径值，直接按照调节阀所连接的管道的口径选取调节阀的口径是不合理的。本设计采用计算流量系数 K_v 值的方法来确定调节阀的口径值。

a.当介质为饱和蒸汽时，流量系数的计算方法为：

$$当\ p_2 > 0.5p_1\ 时\quad K_v = \frac{120}{K}G_s\sqrt{\frac{1}{(p_1+p_2)(p_1-p_2)}}$$

$$当\ p_2 \leq 0.5p_1\ 时\quad K_v = \frac{140}{Kp_1}G_s$$

式中　G_s——蒸汽的质量流量，kg/h；

　　　p_1——相应流量下的阀前压力（绝对压力），kPa；

　　　p_2——相应流量下的阀后压力（绝对压力），kPa；

　　　K——蒸汽修正系数，对于水蒸气该系数取值为 19.4。

b.当介质为一般气体时，流量系数的计算方法：

$$当\ p_2 > 0.5p_1\ 时\quad K_v = \frac{Q_g}{4.73}\sqrt{\frac{G(273+t)}{\Delta p\, p_m}}$$

$$当\ p_2 \leq 0.5p_1\ 时\quad K_v = \frac{Q_g}{2.90p_1}\sqrt{G(273+t)}$$

式中　Q_g——标准状况下气体体积流量，m³/h；

　　　Δp——阀前后压差，$\Delta p = p_1 - p_2$，kPa；

　　　p_m——阀前后平均压力（绝对压力），$p_m = \dfrac{p_1+p_2}{2}$，kPa；

　　　G——气体比重，取 $G=1$；

　　　t——气体温度，℃。

c.当介质为一般液体时，流量系数的计算方法：

$$当\ \Delta p > F_L^2(p_1 - F_F p_V)\ 时\quad K_v = 10 \times Q_L\sqrt{\frac{\rho}{F_L^2(p_1-F_F p_V)}}$$

$$当\ \Delta p < F_L^2(p_1 - F_F p_V)\ 时\quad K_v = 10 \times Q_L\sqrt{\frac{\rho}{p_1-p_2}}$$

式中　F_F——流体临界压力比系数，$F_F = 0.96 - 0.28\sqrt{\dfrac{p_V}{p_C}}$；

　　　F_L——压力恢复系数；

　　　p_V——阀入口温度下，介质的饱和蒸气压（绝对压力），kPa；

　　　p_C——物质热力学临界压力，kPa；

　　　Q_L——液体流量，m³/h；

　　　ρ——液体密度，g/cm³。

由上述公式可以计算得到饱和蒸汽、进料、塔顶和塔底的流量系数分别为：26.7、38.82、7.23、31.84，并查阅相关表格就可以得到各个调节阀的阀座直径：饱和蒸汽处的阀座直径为 $\phi40mm$，进料阀座直径为 $\phi50mm$，塔顶阀座直径为 $\phi20mm$，塔底阀座直径为 $\phi40mm$。

(5) 传递函数确定

对各环节的传递函数进行如下分析。

A. 测量变送环节单元。假设蒸汽流量测量仪表经处理后成为线性元件，动态滞后可忽略：

$$\frac{Q_m(s)}{Q(s)} = G_{Gm} = K_{Qm}$$

温度测量环节可用以下的一阶环节来近似：

$$\frac{T_m(s)}{T(s)} = G_{Tm}(s) = \frac{K_{Tm}}{T_1 s + 1}$$

式中，$Q_m(s)$ 为蒸汽流量测量的传递函数；K_{Qm} 为线性化的传递函数值；$T_m(s)$ 为温度测量的传递函数；K_{Tm} 为放大系数，K_{Qm} 和 K_{Tm} 分别与测量仪表的量程有关；T_1 为温度测量带来的滞后时间常数，$T_1 \geqslant 0$ 单位为 min。在实际过程中这些参数基本不变。这里假设蒸汽测量仪表量程为 $0 \sim 10 t/h$；提馏段温度仪表量程为 $-50 \sim 250 ℃$，测量滞后时间常数为 $T_1 = 1 min = 60 s$。而各仪表输出经归一化后均为 $0 \sim 100$，因而 $K_{Tm} = 0.333$，且：

$$K_{Qm} = \frac{Q_{m,max} - Q_{m,min}}{Q_{max} - Q_{min}}$$

式中，$Q_{m,max}$，$Q_{m,min}$ 分别为测量仪表的输出信号上下限，Q_{max}，Q_{min} 分别为测量仪表输入的变化范围（即仪表量程上下限）。

B. 执行器/控制阀。假设控制阀为近似线性阀，其动态滞后忽略不计，控制阀的传递函数 $G_v(s)$ 为：

$$G_v(s) = \frac{f_v(s)}{u(s)} = K_v$$

式中，f_v 为控制阀的流通面积；$u(s)$ 为控制阀的阀前传递函数；K_v 通常在一定范围内变化。这里假设 $K_v = 0.5\% \sim 1\%$，即控制器输出变化 1%，控制阀的相对流通面积变化 $0.5\% \sim 1\%$。

C. 被控对象。对于蒸汽流量对象，假设控制通道与扰动通道的动态特性可表示为：

$$G_{p2} = \frac{Q(s)}{f_v(s)} = \frac{K_2}{T_2 s + 1}$$

$$G_{d2} = \frac{G(s)}{p_v(s)} = K_{d2}$$

式中，G_{d2} 为干扰通道传递函数；K_{d2} 为干扰通道的放大系数；T_2 为控制通道的时间常数。以上两式，$T_2 \geqslant 0$ 基本不变，而 K_2，K_{d2} 通常在一定范围内变化。这里假设 $K_2 = 0.05 \sim 0.2$，$T_2 = 1.5 min = 90 s$，$K_{d2} = 5 \sim 12$。而蒸汽控制阀阀前压力 p_v 的变化范围为 $\pm 0.1 MPa$。

对于提馏段温度对象，假设控制通道与扰动通道的动态特性可表示为：

$$G_{p1}(s) = \frac{T(s)}{Q(s)} = \frac{K_{p1}}{(T_{p1} s + 1)(T_{p2} s + 1)} e^{-\tau_p s}$$

$$G_{d1}(s) = \frac{T(s)}{F(s)} = \frac{K_{d1}}{T_{d1} s + 1} e^{-\tau_d s}$$

式中，K_{p1} 是 G_{p1} 通道的放大系数；T_{p1} 和 T_{p2} 为 G_{p1} 通道的二阶时间常数；τ_p 为该通道的迟延时间；G_{d1} 为干扰通道的传递函数；K_{d1} 是 G_{d1} 通道的放大系数；T_{d1} 为 G_{d1} 通道的时间常数，τ_d 为 G_{d1} 通道的迟延时间。对其中的参数取值如下：

$$K_{p1} = 5 \sim 10, \quad T_{p1} = 3 \sim 6 min, \quad T_{p2} = 0 \sim 2 min, \quad \tau_p = 2 \sim 4 min$$

$$K_{d1} = -2 \sim -0.5, \quad T_{d1} = 2 \sim 4 min, \quad \tau_d = 2 \sim 3 min$$

而进料量的变化范围为±20t/h。

（6）控制系统仿真模拟分析

① 副回路参数整定。对于副回路来说，滞后并不明显，由于副被控对象是一阶传递函数，所以无法应用临界比例度法整定副回路的参数，因此只能应用经验整定法，其 Simulink 仿真框图如图 7-34 所示。

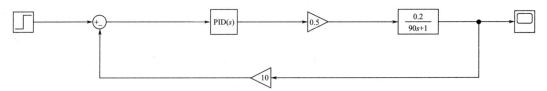

图 7-34　副回路 Simulink 仿真方框图

当比例控制参数 CP＝0.5，积分控制参数 CI＝CP/T_I＝1/3 时，响应曲线见图 7-35；当 CP＝1/8，CI＝CP/T_I＝1/12 时，响应曲线见图 7-36；当 CP＝2，CI＝CP/T_I＝1/10；CP＝7，CI＝CP/T_I＝1/10；CP＝50，CI＝CP/T_I＝0.5 时，也可得到响应曲线（图略）。

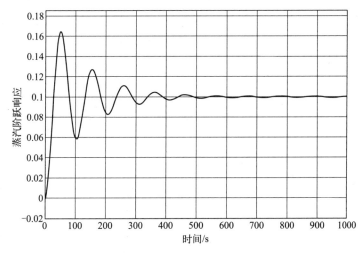

图 7-35　副回路 Simulink 阶跃响应曲线图（一）

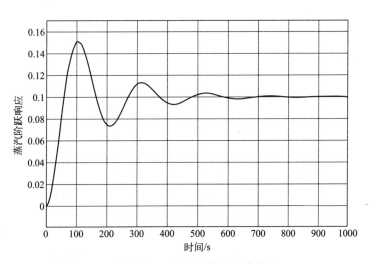

图 7-36　副回路 Simulink 阶跃响应曲线图（二）

将试验的几组数据及分析汇总如表 7-4 所示。

表 7-4　数据分析表（一）

CP	CI	周期 T/s	最大值	超调量	峰值时间/s
0.5	1/3	105.3	0.162	62%	52.65
1/8	1/12	200	0.15	50%	100
1	1/10	180	0.13	30%	90
2	1/10	180	0.12	20%	90
5	1/10		0.105	5%	65
7	1/10		0.102	2%	65
50	1/10		0.1	0	800
50	83.33333	6.67	0.145	45%	5
50	1/2		0.1	0	12

通过几组响应曲线的对比，发现当 CP＝50，CI＝CP/T_I＝0.5 时响应曲线性能最好。

② 主回路参数整定。主回路的 PID 整定采用临界比例带法，Simulink 仿真模拟图如图 7-37 所示。先把主回路设置为纯比例环节，仿真求得在临界比例放大系数 K_{pcr}＝10.25 时，出现等幅振荡（图 7-38），得临界振荡周期 T_{cr}＝875s。

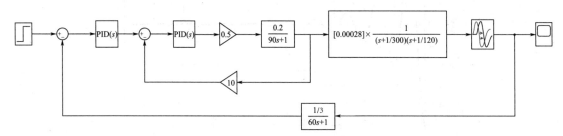

图 7-37　主回路整定 Simulink 仿真方框图

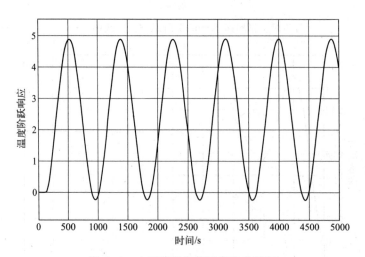

图 7-38　主回路整定等幅振荡曲线图

由临界比例带法计算公式求得主回路中，K_c＝6.03，T_I＝437.5，T_D＝109.375。仿真结果见图 7-39 和表 7-5。

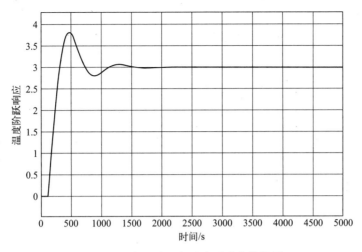

图 7-39 主回路整定后阶跃响应曲线图

表 7-5 数据分析表（二）

规律	δ	T_{I}	T_{D}
P	$2\delta_{\mathrm{k}}$		
PI	$2.2\delta_{\mathrm{k}}$	$0.85T_{\mathrm{k}}$	
PID	$1.7\delta_{\mathrm{k}}$	$0.5T_{\mathrm{k}}$	$0.125T_{\mathrm{k}}$

注：δ_{k} 为临界比例度；T_{k} 为临界周期。

③ 扰动分析。扰动分析的方框图和结果如图 7-40 和图 7-41 所示。

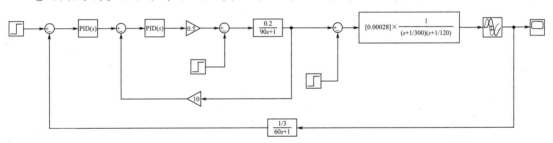

图 7-40 串级控制回路二次扰动分析 Simulink 仿真方框图

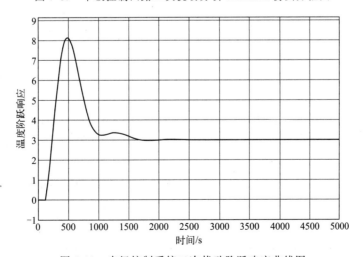

图 7-41 串级控制系统二次扰动阶跃响应曲线图

④ 前馈-串级回路模拟。前馈控制系统包括前馈补偿器和扰动通道，对于扰动通道来说，其传递函数如图 7-42 中所示，为惯性环节，并取 $T=60\text{s}$，对于前馈补偿器则是根据经验法进行试验模拟试凑，如图 7-43 所示，得到比较合适的值为 -2。

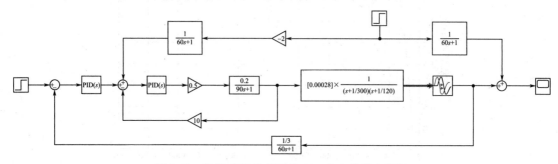

图 7-42　前馈-串级控制系统 Simulink 仿真方框图

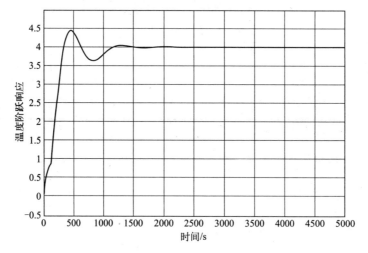

图 7-43　前馈-串级控制系统阶跃响应曲线图

 仿真总结

案例小结

（1）重点难点和能力培养

① 重难点考查。为了体现设计分析控制系统的综合能力培养，本设计融会了自动控制原理基础知识、经典控制系统设计的基本能力要求，具体如下：

难点：根据石油化工过程中的乙醇-水精馏塔的工作过程和原理，设计合理的控制方案，需要进行文献调研分析，理解被控对象性能要求和控制方案之间的关系，实现对控制方案的筛选和判断。

重点：控制知识的合理应用。例如，根据设计的控制策略和结构，对正反作用进行分析和对仪表选型，需要应用控制系统的基本概念，确定控制系统的基本参数和控制作用。

仿真模拟：能够采用 Matlab 软件和 Aspen Plus 软件进行模拟，分析设计的控制系统的性能，并与文献或者已有研究对比分析。

② 能力考查剖析。

分析问题能力：石油化工过程中的乙醇-水精馏塔控制及其控制系统设计的分析；

逻辑思维能力：根据选型的仪表等，进行控制装置和精馏塔的模型建立；

创新能力：根据仿真模拟结果，进行对比分析，并提出优化改进，给出定量和定性指导意见。

（2）知识点分析

完成该石油化工过程中的乙醇-水体系的精馏塔控制系统，需要采用自动控制原理和过程装备控制技术的知识内容见表 7-6。

表 7-6　精馏塔控制系统设计的知识点

涉及内容	自动控制原理知识点	过程装备控制技术知识点
确定控制变量	变量的选择、分类及特点	各控制变量之间的工艺关系
控制策略和控制结构	控制系统的组成	复杂控制系统设计
正反作用分析	控制回路的控制逻辑关系	各回路之间控制关系的设计
仪表选型	测温测压及液位的控制特性	温度、液位和压力的测量和变送
传递函数的建立	微分方程的拉普拉斯变换	精馏塔的质量、能量守恒定律
仿真模拟	Matlab 软件在精馏塔控制过程中的应用	串级系统的模拟分析

案例 7-2　换热器最优控制方案应用实例。多管式换热器（图 7-44）作为一种新型的高效换热器，具有结构简单、传热效率高、可以在高温差和高压差条件下使用的特点，对于国内催化裂化装置内小流量、低换热负荷且介质较洁净的工况，可考虑采用该种型式的换热器。以多管式换热器作为重油催化裂化装置中燃料气加热器为例，其工艺参数见表 7-7。

表 7-7　多管式换热器工艺参数

管程介质	壳程介质	管程		壳程		换热器负荷 Q/kW
		压力（表）/10^5Pa	温度/℃	压力（表）/10^5Pa	温度/℃	
燃料气	低压蒸汽	4.0	35~70	5.0	190~157	215

自燃料气分液罐来的燃料气与从减温器来的 $5.0kg/cm^2$（表压）低压蒸汽换热，燃料气走管程，低压蒸汽走壳程，换热后燃料气至各用户，低压蒸汽冷凝为凝结水进入分液罐，然后经分液罐底部排出。在此流程中，燃料气出口管道设置温度计，保证出口温度 70℃，请设计该控制方案，并进行性能分析。

解　（1）设计思路分析

根据换热器换热原理，设计出通过调整换热面积来控制出口温度的方案，并且在该方案上进行控制系统方框图的设计、仪表的选型、传递函数的推导及对控制系统的仿真模拟分析，最后总结控制方案的优越性。设计思路如图 7-45 所示。

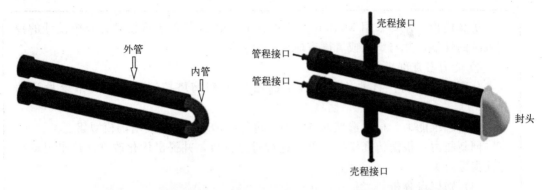

图 7-44　多管式换热器外形

设计控制方案

绘制方框图

仪表选型

推导传递函数

仿真模拟

总结

图 7-45
设计流程图

（2）控制方案设计

控制方案流程见图 7-46，详细分析：假定开始时系统处于稳定状态，此时燃料气 TE-5050 出口温度等于给定值 SP。此处燃料气加热器和分液罐组成的系统是靠改变换热面积来改变传热量，从而达到控制温度的目的。该系统中调节阀 LV5015 安装在冷凝液排出管道上，通过调节阀开度的变化，使冷凝液的排出量发生变化，从而改变燃料气加热器中的冷凝液液位。而在冷凝液液位以下部分都是冷凝液，其在传热过程中不发生相变，传热系数远小于液位上部气相冷凝系数。潜热在传热过程中起主要作用，所以冷凝液液位变化实际上等于传热面积变化。当某种干扰导致燃料气出口温度高于给定值 70℃ 时，温度控制器 TIC-5050 的输出将会减小，使内环控制器 FIC-5003 的给定减小，冷凝液调节阀 LV5015 开度减小，一方面造成冷凝液液位升高，换热面积减小，蒸汽冷凝传热量减少，TE5050 出口温度降低；另一方面使阀前压力升高，从而减少了进入气相的蒸汽流量，进一步降低 TE5050 出口温度直至达到新的平衡。如果不增加内环的蒸汽流量控制，直接用温度控制冷凝液调节阀，从静态角度看可以对出口温度进行有效调节，但是从动态过程看，调节过程是通过冷凝液排出量的变化引起冷凝液液位变化，改变传热面积后再影响温度，而冷凝液的累积是一个缓慢过程，调节过程会滞后。加入内环蒸汽流量控制后，与蒸汽流量相关的干扰因素都会通过内环的调节予以消除或减缓，减轻了温度控制器的负荷，有利于改善动态过程和调节作用。

根据加热器流程示意图，设计控制系统方框图，如图 7-47 所示。

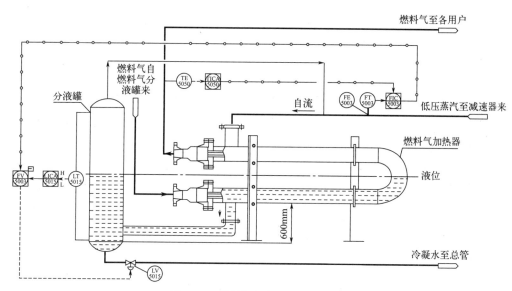

图 7-46 燃料气加热器流程示意图

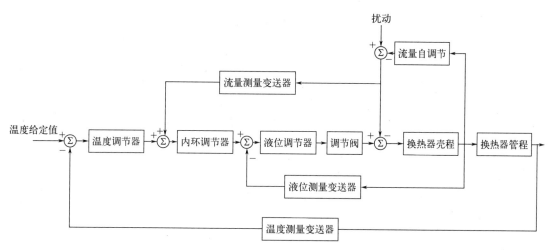

图 7-47 加热器控制方框图

（3）仪表选型

① 测量变送仪表。

A. 液位测量。本设计选用浮筒式液位计，DDZ-Ⅲ差压变送器。主要考虑仪表特性、工作环境和输出方式。

B. 温度测量。换热器出口燃料气的温度设定为 70℃，所以测量其出口温度选用铜-康铜热电偶，其测温范围为 0~400℃，满足工艺要求。

C. 流量测量。选用压差式流量计，它可以测量除固体物质以外的任何介质的流量（包括管程介质燃料气，壳程介质低压蒸汽），目前已经实行了标准化、系统化，如 GB/T 2624。

② 控制器。控制器可采用全刻度指示控制器。

③ 执行器。执行器选用 DKZ 系列直行程电动执行器，因为直行程电动执行器具有推力大、定位精度高、反应速度快、滞后时间少、能源消耗低安装方便、供电简便、在电源突然

断电时能自动保持调节阀原来的位置等特点。

（4）传递函数确定

① 换热器管程传递函数。在工业过程中，大部分被控对象都为具有纯滞后的一阶或二阶惯性环节。机理分析和工程实践都表明，换热器是一个惯性和时间滞后均较大的被控系统。将换热器传递函数简化为：

$$G(s) = \frac{K}{Ts+1} e^{-\tau s}$$

因为燃料气加热器热负荷 Q 为 215kW，管程温度变化范围 35～70℃，故出口温度 $T_0 = 70$℃。由于进口温度波动对温差影响不大，可以近似管程温差：

$$\Delta T_1 = 70 - 35 = 35 \text{（℃）}$$

故 $$C_{p1} L_1 \rho_1 = Q/\Delta T_1 = 215000/35 = 6143 \text{（W/℃）}$$

壳程为低压蒸汽，压力 $G = 5.0$kg/cm²，温度变化范围 190～157℃，故温差：

$$\Delta T_2 = 190 - 157 = 33 \text{（℃）}$$

查表得 $$k_0 = C_{p2} \rho_2 \Delta T_2 / C_{p1} L_1 \rho_1 = 142230/6143 = 23.15$$

$$K = \frac{k_0}{T_0} = \frac{23.15}{343.15} = 0.0675$$

进口蒸汽流量 $G_2 = 0.1$kg/m³，在 174℃、0.6MPa 下为 0.032m³/s。设换热器外管内径为 300mm，内管外径为 50mm，10 根内管，换热器长 3.3m，液位位于换热器中部。则壳程容量：

$$W_2 = 0.168\text{m}^3$$

$$T = \frac{W_2}{G_2} = \frac{0.168}{0.032} = 5.25 \text{（s）}$$

故 $$G(s) = \frac{0.0675}{5.25s+1} e^{-50s}$$

② 换热器壳程液位传递函数。首先定义如下参数：

h——液面高度相对于稳态值的微小增量；

q_i——蒸汽流量相对于稳态值的微小增量；

q_o——出口流量相对于稳态值的微小增量。

壳程与分液罐连通，壳程液位的控制阀为出口阀，故以 q_o 作为输入。当液位位于换热器中间时，蒸汽流量为 0.1kg/s，换算成液态水为 1×10^{-4}m³/s，当液位位于换热器顶部时，蒸汽流量为 0。中间到顶部的液位差为 0.42m，故近似认为：

$$R = h/q_i = 0.42/0.0001 = 4200 \text{（s/m}^2\text{）}$$

由 $C \dfrac{\mathrm{d}h}{\mathrm{d}t} = q_i - q_o$ 得

$$RC \frac{\mathrm{d}h}{\mathrm{d}t} - h = Rq_o$$

故 $$G(s) = \frac{H(s)}{Q_o(s)} = \frac{R}{RCs-1} = \frac{K}{Ts-1} = \frac{755.4}{2326.8s-1}$$

式中，C 为液容积系数，$C = 0.554$m²；$K = R = 4200$，$T = RC = 2326.8$。

③ 流量自调节函数。当液位位于换热器中间时，蒸汽流量为 0.1kg/s，在 174℃，0.6MPa 下为 0.032m³/s，当液位位于换热器顶部时，蒸汽流量为 0。中间到顶部的液位差

为 0.42m，故近似认为：

$$q/h=0.032/0.42=0.0762 \left(\text{m}^2/\text{s} \right)$$

流量自调节函数

$$G(s)=\frac{0.0762}{s}$$

（5）控制系统仿真模拟分析

① 传统单回路 PID 控制模拟。采用传统单回路 PID 控制，换热器的时间常数：

$$T=\frac{2W_2}{G_2}=\frac{2\times0.168}{0.032}=10.5 \text{（s）}$$

其传递函数为

$$G(s)=\frac{0.0675}{10.5s+1}e^{-50s}$$

仿真流程图如图 7-48 所示，仿真结果如图 7-49 所示。

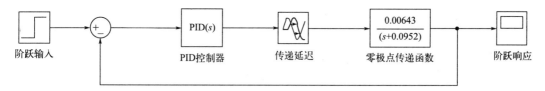

图 7-48 传统 PID 控制仿真流程图

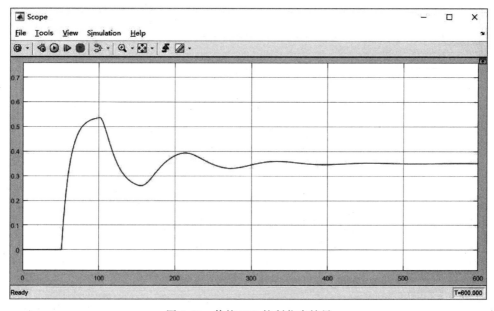

图 7-49 传统 PID 控制仿真结果

余差

$$e(\infty)=0.35-1=-0.65$$

超调量

$$\sigma=\frac{0.53-0.35}{0.35}=0.514$$

回复时间

$$t_s=400\text{s}$$

② 本设计控制系统模拟。本作品设计的新型控制系统仿真流程图如图 7-50 所示，仿真结果如图 7-51 所示。

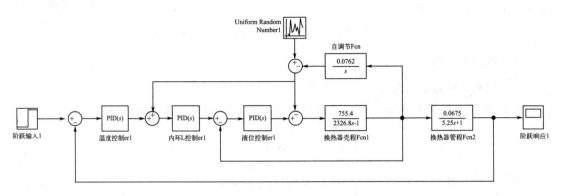

图 7-50　新型控制系统仿真流程图

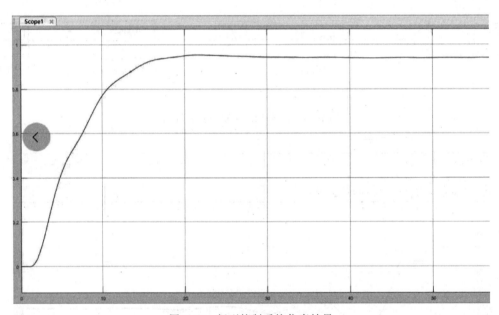

图 7-51　新型控制系统仿真结果

参数整定：

温度控制器　　　　　　CP=1.5，CI=1，CD=0

内环控制器　　　　　　CP=2.2，CI=4.25，CD=0

液位控制器　　　　　　CP=2

余差　　　　　　$e(\infty)=0.96-1=-0.04$

超调量　　　　　　$\sigma=\dfrac{0.975-0.96}{0.96}=0.016$

回复时间　　　　　　$t_s=25\text{s}$

③ 优势分析。本作品提出的控制系统与传统单回路 PID 控制相比具有巨大的优势，主要表现在以下方面：

ⅰ.稳态误差非常小，控制精度高。

ⅱ.超调量很小，控制过程中几乎不振荡。

ⅲ.回复时间很小，保证了控制的及时性。

综上所述，本作品设计的控制系统具有优良的控制效果，在多管式换热器具有巨大的应用价值和发展潜力。

案例小结

（1）重点难点和能力培养

① 难重点考查。

难点：根据重油催化裂化装置中燃料气加热器的工作过程，设计合理的控制方案，需要进行文献调研分析，理解被控对象性能要求和控制方案之间的关系，实现对控制方案的筛选和判断。

重点：控制知识的合理应用。例如，根据设计的控制方案，画出合理的方框图，需要应用控制系统的基本概念，确定控制系统的基本参数和控制作用。传递函数建立可以采用两种策略：一是根据控制选用的仪表、换热器等的物理过程，进行数学模型建模，然后进行拉普拉斯变化获得传递函数；二是查阅文献，利用文献研究成果建立模型，但是需要进行参数整定。

仿真模拟：能够采用 Matlab 软件和 Aspen Plus 软件进行模拟，分析设计的控制系统的性能，并与文献或者已有研究对比分析。

② 能力考查剖析。

分析问题能力：重油催化裂化装置中燃料气加热器的换热控制及其控制系统设计的分析；

逻辑思维能力：根据选型的仪表和换热器，进行控制装置和被控对象的模型建立；

创新能力：根据仿真模拟结果，进行对比分析，并提出优化改进，给出定量和定性指导意见。

（2）知识点分析

完成该燃料气加热器的换热控制系统设计，需要采用的自动控制原理和过程装备控制技术知识见表7-8。

表7-8 多管式换热器控制系统设计的知识点

涉及内容	自动控制原理知识点	过程装备控制技术知识点
换热器控制方案	控制系统分类、特点	控制系统设计步骤、校正
换热器系统方框图	方框图组成	复杂控制系统方框图
仪表选型	热电偶等测温的动态特性	温度测量和变送
传递函数的建立	传递函数概念和推导	传递函数在软件中的应用
仿真模拟	Matlab 软件实验练习	二阶系统实验分析
文献调研	课程学习心得总结	分组项目设计

案例 7-3 乙酸乙酯反应釜控制系统案例。直接酯化法是国内工业生产乙酸乙酯的主要工艺路线。以醋酸和乙醇为原料、硫酸为催化剂直接酯化得醋酸乙酯，再经脱水、分馏精制

得成品。生产工艺上有间隙工艺和连续工艺两种，本案例选取间隙法生产乙酸乙酯。间隙工艺是将乙酸、乙醇和少量的硫酸加入反应釜，加热回流 5～6h，然后蒸出乙酸乙酯，并用5％的食盐水洗涤，用氢氧化钠和氯化钠混合溶液中和至 pH=8。再用氯化钙溶液洗涤，加无水碳酸钾干燥。最后蒸馏，收集 76～77℃的馏分，即得产品。

乙酸乙酯生产线可以分为反应釜工段、中和釜工段、精馏塔工段、筛板塔工段四个部分。反应釜工段设备的作用是将乙酸、乙醇和少量硫酸在反应釜内混合反应，得到反应产物粗乙酸乙酯。该部分的温度控制非常重要。乙酸乙酯酯化反应的化学式为：

$$CH_3COOH + C_2H_5OH \Longleftrightarrow CH_3COOC_2H_5 + H_2O$$
$$\quad A \qquad\qquad B \qquad\qquad\qquad R \qquad\qquad\quad S$$

原料中反应组分质量比为：A：B=1：1.15，将成比例的乙酸和乙醇经进料泵送入300L反应釜内，此时混合后的反应液理想初始状态组分比为：A：B：D=1：1.1：1.2，混合液密度为 1020kg/m³，一次处量为 306kg。之后加入催化剂，然后打开反应釜的搅拌电机，调节至适当的转速，对反应釜的夹套通以加热蒸汽，通过搅拌器的搅拌使物料均匀并提高导热速度，使其温度均匀。要求精确控制反应温度，能够在安全范围内调整压力，保证产品质量、产量和生产安全。其中反应釜内胆温度为 65℃，夹套温度为 130℃。此外，要控制釜内液位，在到达指定液位后，系统将自动关闭进料阀门。压力控制保证在安全范围内，压力报警上限为安全压力的 80％。

请设计该控制方案，并进行性能分析。

解 （1）设计思路分析

根据反应釜反应原理设计出通过调整加热阀门开度来控制温度的方案，并且在该方案上进行控制系统方框图的设计、控制系统仪表的选型、传递函数的推导及对控制系统的仿真模拟分析，最后总结出在达到精度要求时的主、副回路控制方案。设计思路如图 7-52 所示。

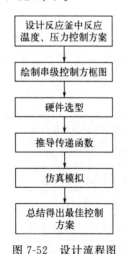

图 7-52 设计流程图

（2）控制方案设计

① 方案简述。控制方案的详细分析如下。

首先分析控制变量，包括被控变量、操纵变量和被测变量。

被控变量：乙酸乙酯的制备中，温度的控制非常重要，温度过低，几乎不发生反应；温度过高，反应物易挥发，也会产生更多的副产物，降低产率。当原料配比、浓度确定以后，准确控制反应的温度是保证产品质量和产量的关键。反应釜压力随温度升高、反应加快而升高时，可以采用冷却降低温度、减小反应速率来降低压力。除此之外还要控制反应器停留时间，因为它是决定反应程度、影响产品质量和产量的关键参数，需要尽可能增加反应器停留时间，使反应充分进行。

操纵变量：影响反应温度的主要参数为加热蒸汽流量、蒸汽温度，以及反应物流量。由于反应釜大滞后特性，蒸汽温度对被控变量温度影响较小可视为扰动，因此，不应作为操纵变量。反应物流量根据反应前后焓变间接影响被控量，不易作为操作变量。最终，选蒸汽阀门开度作为操作变量，可以保证放大系数较大而且时间常数小，纯滞后可忽略不计。

被测变量：反应釜液位、釜内压力、夹套温度、内胆温度以及浓度理应都需要测量。但浓度数据无法通过传感器直接得到，需要使用非线性开环估计器估计组分进而控制。在测量温度时采用热电阻，因为热电偶的引入会破坏原有的温度场。同时，将测量点设置在给定正常液位中间；为了避免热电阻与管壁温度差过大产生的误差，应该将感温元件的外露部分用保温材料包裹起来。夹套内温度测量都设置在内胆内外壁上，夹套内介质为高温水蒸气，存在热辐射误差，但辐射值较小不予考虑。压力传感器位于反应釜顶部，实时监控是否处于安全范围。

反应釜的控制过程需要在实际使用中检测釜内的温度、压力和液位三种状态信号，系统的主要控制的参数是温度。温度控制是通过控制低压加热蒸汽阀门来实现的。在升温阶段，打开加热蒸汽阀门，对反应釜的夹套通以加热蒸汽，使釜温升高，由于该反应放热，对温度有正反馈作用，所以加热速率控制在 0.1℃/s，通过控制阀门开度来控制升温的速度。当到达指定温度，反应开始进行后，打开冷却水阀门，向蛇管通入冷却水，将反应产生的多余热量移走，同时实时控制加热蒸汽流量来控制反应釜内物料的温度，使之符合工艺要求。

温度控制系统选取串级控制（图 7-53）。选择夹套温度为副参数，对加热蒸汽温度、调节阀的阀前压力变化等干扰将具有快速抑制能力。在主、副控制器调节规律的选择上，由于主控制器起定值控制作用，副控制器起随动控制作用，所以可以使用 PI 或 PID 作为主控制器，使用 P 或 PI 作为副控制器。由于主控制器作用方向选择完全由工艺情况确定，与执行器和外控制器（副控制器）无关，因此选择先副后主的选择顺序。首先确定副回路，执行器选用正作用（相当于气开阀），当夹套内蒸汽温度由于扰动升高时，需要执行器阀门开度减小，即副控制器为反作用。这样才能保证副回路为负反馈作用，夹套内温度不受蒸汽温度影响。当反应釜内温度由于反应速率等影响升高时，也需要执行器开度减小，因此主控制器也是反作用。主对象和副对象都随输入增大而增大，为正作用，主副回路变送器通常视为正作用。最后验证主副回路乘积都为负，符合负反馈的自平衡要求。

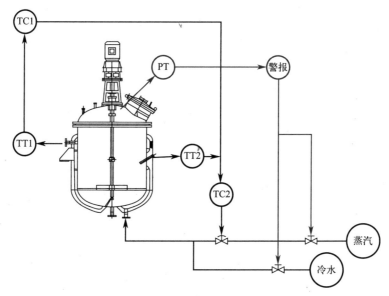

图 7-53　管道仪表流程图（深色为控制流程，浅色为安全流程）

此外，由于生产乙酸乙酯的反应是一个不可控变数多的反应，因此，对其进行安全设计。为此，采用三层保护设计：第一层是过程设计本身，第二层和第三层则是依赖于过程报警唤起工作人员对非正常情况的警觉。这两层由基本过程控制系统（BPCS）以及报警、操作监控或干预两层组成，第二层选用第二类报警，即测量异常报警。当 BPCS 处于紧急情况时，选用 SIS 设计作为备用，当报警系统发出有潜在危急情况的警报时自动响应。自动响应是通过互锁、自动停车和启动系统实现的。

② 控制系统方框图。为保证釜内产品质量，需要对温度 T_1 进行严格控制，为此，选取蒸汽阀门开度作为调节参数。将釜内 T_1 温度作为主控对象，夹套内的温度 T_2 作为副控对象。这里引起温度 T_1 变化的干扰因素有：进料入口温度及化学成分，记为一次扰动；蒸汽的入口温度和阀前压力，记为二次扰动。控制系统方框图如图 7-54 所示。

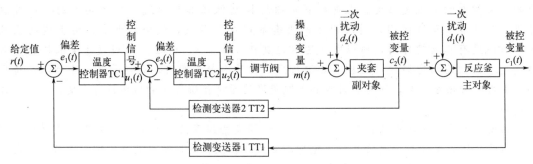

图 7-54　串级控制方框图

（3）硬件选型

① 测量变送仪表。

A. 液位测量。本设计选用某压力式液位计，技术参数见表 7-9。

表 7-9　液位传感器技术参数

型号	类型	工作电压	响应时间	工作温度	精度	输入信号	变送输出
T3000	本质安全型	24V DC	10ms	$-40\sim125℃$	±0.25	液位信号	4～20mA 电信号

B. 温度测量。温度传感器选用某公司的隔爆铠装热电阻，技术参数见表 7-10。温度变送器选用某公司的 MXSBWR-Z 系列，技术参数见表 7-11。

表 7-10　温度传感器技术参数

型号	分度号	工作电压	测温范围/℃	保护管材料	防爆等级	精度等级	允许误差 $\Delta t/℃$
WZPK-24	Pt100	24V DC	$-200\sim500$	1CR18Ni9Ti	dIIBT4	B 级	$\pm(0.3\ 或+0.005\,|\,t\,|)$

表 7-11　所选温度传感器具体参数

型号	工作电压	温度范围/℃（可调）	精度	工作环境	负载能力	输入信号	变送输出
MXSBWR-Z-200-B	24V DC	$0\sim200$	0.2%	$0\sim85℃$	$\leqslant500\Omega$	Pt100 热电阻温度信号	4～20mA 电信号

C. 压力测量。选用某公司的 CYG146 压力传感变送器，技术参数见表 7-12。

表 7-12　压力传感器技术参数

型号	工作电压	测量介质	测量范围	工作温度	防爆等级	输入信号	变送输出
CYG146	24V DC	液体、气体	$0\sim60MPa$	$-40\sim250℃$	二级	压力信号	4～20mA 电信号

② 控制器。选用某公司的 AI-808 人工智能温度控制器，技术参数见表 7-13。

表 7-13　控制器技术参数

技术参数	值	技术参数	值
工作电压	24V DC	可控硅无触点开关输出(常开或常闭)	100～240V AC/0.2s(持续)，2A(20ms瞬时，重复周期大于 5s)
仪表输入	Pt100		
线性电压	1～5V	固态继电器 SSR 驱动电压	12V DC/30mA
线性电流(需外接分流电阻)	4～20mA		
线性输入	−1999～＋9999 由用户定义	可控硅触发输出	可触发单相/三相过零触发或单相移相触发(可触发 5～500A 的双向可控硅)。2 个单向可控硅反并联连接或可控硅功率块
电流输出	4～20mA		
反馈输入	4～20mA(控制输出为线性电流)	测量精度	0.2 级(电压、电流、热电阻及热电偶输入且采用铜电阻补偿或冰点补偿冷端时)
响应时间	≤0.5s	变送输出:4～20mA配电输出	24V DC 电压，最大输出电流 50mA，可供无源变送器用
功耗	≤5W		
温度补偿	0～50℃温度自动补偿	电源	100～240VAC(50Hz/60Hz)开关电源、24VDC 2V
环境温度	0～50℃	报警功能	上限、下限、正偏差、负偏差等 4 种方式
控制输出规格	继电器触点开关输出(常开＋常闭):220V AC,1A或 2A,30V DC/1A 或 2A	报警输出	继电器触点开关输出(常开＋常闭)，触点容量 220VAC 或 30VDC/1A

③ 执行器。执行器选用某公司的 ZDLM 电子式套筒调节阀，技术参数见表 7-14；电动执行器技术参数见表 7-15。该执行器的工作温度−20～＋200℃，泄漏等级为Ⅳ级。

表 7-14　电动套筒调节阀主要技术参数

型号	工作电压	介质温度/℃	公称通径/mm	流量特性	额定流量系数	额定行程 L/mm
ZDLM-16	24V DC	−20～200	25	等百分比	$K_v=10$	16

注：执行标准 JB/T 7387-94。

表 7-15　电动执行机构主要技术参数

型号	额定输出力/N	速度/(mm/s)	其他
381SA-08	800	4.2	电源:AC220V 50Hz 输入信号:DC4-20mA DC1-5V(信号线用屏蔽线) 输出信号:DC4～20mA 防护等级:相当 IP55 隔爆标志:ExdⅡBT4 带手柄

（4）传递函数确定

① 测量变送单元传递函数。该铂热电阻的电阻-温度关系：

在 $-200\sim 0℃$ 内 $\quad R_t = R_0[1+At+Bt^2+C(t-100t^3)]$

在 $0\sim 800℃$ 内 $\quad R_t = R_0(1+At+Bt^2)$

式中，A、B、C 均为常数。铂的 $W_{100}=1.391$ 时，$A=3.968\times10^{-3}℃^{-1}$，$B=-5.847\times 10^{-7}℃^{-1}$，$C=-4.22\times10^{-12}℃^{-1}$。

铂的 $W_{100}=1.389$ 时，$A=3.949\times10^{-3}℃^{-1}$，$B=-5.851\times10^{-7}℃^{-1}$，$C=-4.04\times 10^{-12}℃^{-1}$。

针对 MXSBWR-Z-200-B 型温度变送器，查手册得铂热电阻的 0℃ 电阻值为 100Ω，200℃ 电阻值为 155.6Ω。通过调零电阻与调满电阻校正后，得到温度测量变送单元输入输出关系：

$$I=\frac{16}{200}t+4 \ (\text{mA})$$

同时查阅资料得其热响应时间为 90s，则令其传递函数的时间常数为 $T=90s$，则该变送器的传递函数：

$$G_T=\frac{1}{90s+1}$$

② 执行单元传递函数。

调节阀部分：此型号调节阀有直线流量特性控制和对数流量特性控制，直线流量特性控制在流量小时流量变化的相对值大，流量大时流量变化相对值小，即阀门开度小时调节作用强，易使系统产生振荡，而阀门开度大时调节作用又太弱，不灵敏、不及时。对数流量特性调节阀调节过程平稳缓和，有利于调节系统稳定运行，故选择对数流量特性调节方式。

流量与阀门开度的关系为 $\frac{q_V}{q_{max}}=R^{\frac{l}{L}-1}$，固有可调比 $R=50:1$。

由阀的流量系数为 $C=\frac{q_m}{1.78}\sqrt{\frac{1}{kx_Tp_1\rho_s}}$，其中 $C=10$，$\rho_s=0.6\text{kg/m}^3$，$p_1=110\text{kPa}$，蒸汽绝热指数 $k=1.3$，蒸汽临界压差比 $x_T=0.71$。解得 $q_m=139\text{kg/h}$。转换为体积流量：$q_{max}=231\text{m}^3/\text{h}$。

故流量 q_V 与阀门开度 φ 关系为：

$$q_V=231\times50^{\varphi-1}$$

电动执行器部分：阀门开度与电流关系为 $\varphi=\frac{l}{L}=\frac{1}{16\text{mA}}I-\frac{1}{4}$。

一阶延迟部分：由于该执行机构运行速度为 $V=4.2\text{mm/s}$，额定行程 $L=16\text{mm}$。但考虑到大部分情况下该设备将处于稳定状态，因而令电动执行器到调节阀的时间常数 $T=0.5$，传递函数为 $G_T=\frac{1}{0.5s+1}$。

③ 反应釜传热单元调节函数。简化反应釜换热模型，假定反应釜内流体均匀，忽略搅拌器产生的热量，液体的密度、热容、夹套和反应器的容积为定值，可得：

$$\tau_1\frac{dT_R}{dt}+T_R=T_{out}+H^*$$

$$\tau_2\frac{dT_{out}}{dt}+T_{out}=T_R+q_m(T_{in}-T_{out})$$

式中，q_m 为质量流量；下脚标 R 表示反应器；H^* 为反应器热传导速率 H 的函数；变量 T_{in}、T_{out} 分别为工质进、出反应器夹套的温度；τ_1、τ_2 分别为反应器内热量传递以及反应器夹套与反应器之间热量交换的时间常数。

故夹套内蒸汽出口温度与反应液温度的传递函数形式为：

$$G_1(s) = \frac{1}{\tau_1 s + 1}$$

蒸汽流量与夹套内蒸汽出口温度的传递函数形式为：

$$G_2(s) = \frac{1}{(\tau_2 s + 1)(\tau_3 s + 1)^2}$$

假定时间常数 $\tau_1 = 30$，时间常数 $\tau_2 = 10, \tau_3 = 1$。同时为了保证量纲的统一性，应该在传递函数中增加比例作用。查阅资料得常用的蒸汽加热反应釜通入的过热蒸汽温度为 180℃，而反应釜内温度最高可达 90℃，故夹套内蒸汽出口温度与反应液温度的实际传递函数为：

$$G_1(s) = \frac{90/180}{30s + 1} = \frac{0.5}{30s + 1}$$

蒸汽流量与夹套内蒸汽出口温度的实际传递函数为：

$$G_2(s) = \frac{180/231}{(10s + 1)(s + 1)^2} = \frac{0.779}{(10s + 1)(s + 1)^2}$$

（5）控制系统仿真模拟分析

串级控制的 PID 参数整定方法主要有逐步逼近法、两步整定法和一步整定法。该案例采用两步整定法对 PID 参数进行整定。

进行单回路整定时，采用了临界比例度法，经验公式见表 7-16。图 7-55 是控制系统的仿真流程图。首先，对副回路进行参数整定，之后再对主回路进行参数整定。

表 7-16 整定参数表

调节规律	整定参数		
	K_P	K_I	K_D
P	$0.5K_P$		
PI	$0.455K_P$	$0.535K_P/T$	
PID	$0.6K_P$	$1.2K_P/T$	$0.075K_P/T$

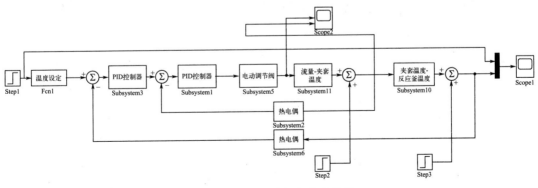

图 7-55 控制系统的仿真流程图

① 副回路控制模拟。首先将副回路（图 7-56）独立出来，设定值调为 120，对副回路进行整定。示波器显示的分别是蒸汽流量与夹套内蒸汽出口温度。

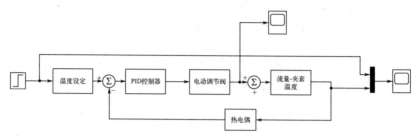

图 7-56　副回路的仿真流程图

经过试验，CP=10.5 时获得了等幅振荡（图 7-57）。因此副回路临界比例系数 K_P＝10.5，周期 T＝48.35s。

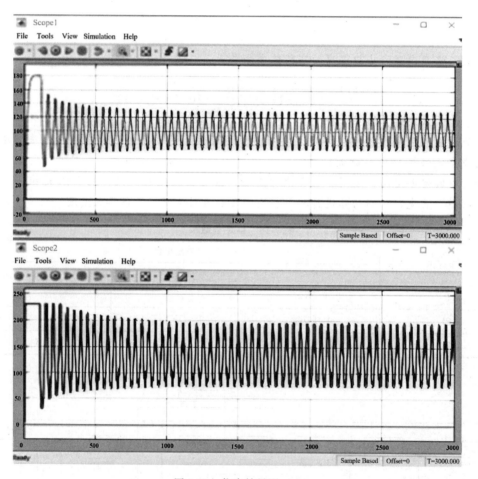

图 7-57　仿真结果图（一）

依照经验公式，比例调节时，设置 CP=10.5×0.5，可以得到调节结果如图 7-58 所示。可以看出，虽然调节速度快，但稳态误差较大（图略）。因此换用 PI 控制：

CP=10.5×0.455

CI=0.535×10.5/48.35

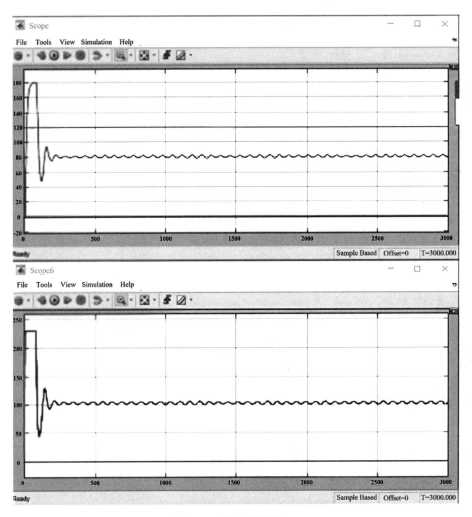

图 7-58　仿真结果图（二）

CD＝0

试验得最理想的副回路 PI 控制参数为：

CP＝10.5×0.455

CI＝0.1×10.5/48.35

CD＝0

由上述结果可以看出，最终数值仍有一些波动。因此，换用 PID 控制：

CP＝10.5×0.6

CI＝1.2×10.5/48.35

CD＝0.075×10.5×48.35

试验得最理想的副回路 PID 控制参数为（图 7-59）：

CP＝10.5×0.7

CI＝1×10.5/48.35

CD＝0.095×10.5×48.35

副回路最优的三种控制参数如下：

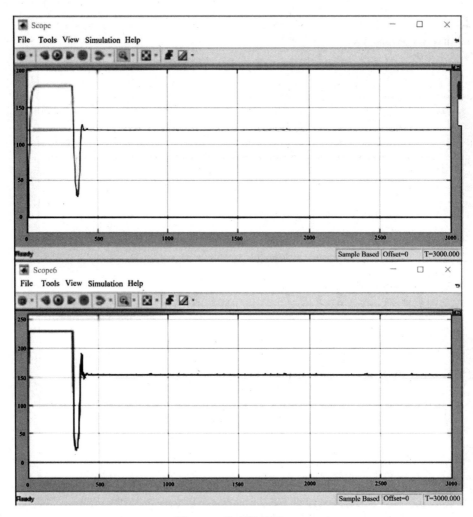

图 7-59 仿真结果图（三）

P 控制参数：CP=10.5×0.5，CI=0，CD=0

PI 控制参数：CP=10.5×0.455，CI=0.1×10.5/48.35，CD=0

PID 控制参数：CP=10.5×0.7，CI=1×10.5/48.35，CD=0.095×10.5×48.35

② 主回路控制模拟。

当副回路采用 P 控制时，试验得最优的主回路 PID 控制参数（图 7-60）为：

CP=0.3×4.8

CI=0.4×4.8/74

CD=0.015×4.8×74

当副回路采用 PI 控制时，试验得最优的主回路 PID 控制参数（图略）为：

CP=4.5×0.455

CI=0.7×4.5/155

CD=0.006×4.5×155

当副回路采用 PID 控制时，试验得最优的主回路 PI 控制参数（图略）为：

CP=7.8×0.455

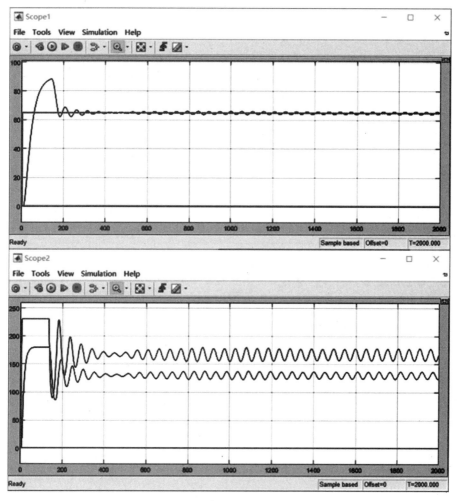

图 7-60 仿真结果图（四）

CI=0.12×7.8/46.8

CD=0

当副回路采用 PID 控制时，试验得最优的主回路 PID 控制参数（图 7-61）为：

CP=7.8×0.6

CI=0.15×7.8/46.8

CD=0.085×7.8×46.8

③ 结果分析。综上结果显示，在控制精度要求较低的场合，副回路采用 P 控制的调整时间远低于采用 PID 控制所需的调整时间。而副回路采用 PI 控制与采用 P 控制差别较小。

在控制精度要求较高的场合，可以将副回路采用 PID 控制，将会大大减小稳定时的温度波动。

由于副回路 P 控制的精度能够达到要求，而副回路采用 PID 控制的调整时间远大于采用 P 控制的调整时间，因此副回路采用 P 控制，而主回路采用 PID 控制。

最终整定结果为：

副回路 P 控制，参数为　CP=5.25，CI=0，CD=0

主回路 PID 控制，参数为　CP=1.44，CI=0.025，CD=5.328

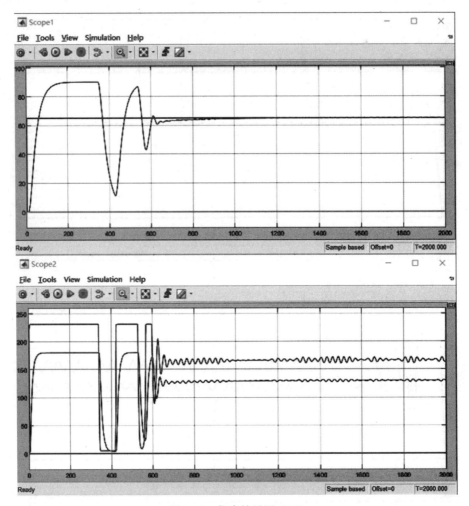

图 7-61　仿真结果图（五）

案例小结

（1）重点难点和能力培养

① 重难点考查。

难点：如何根据乙酸乙酯生产中反应釜工段的工作过程，设计合理的控制方案，需要进行文献调研分析，理解反应釜性能要求和控制方案之间的对应关系，实现对控制方案的筛选和判断。

重点：控制知识的合理应用。例如，根据设计的控制方案，画出合理的方框图，需要应用控制系统的基本概念，确定控制系统的基本参数和控制作用。

传递函数建立可以采用两种策略：一是根据控制选用的仪表、反应釜中的物理过程，进行数学模型建模，然后进行拉普拉斯变换获得传递函数；二是查阅文献，利用文献研究成果建立模型，但是需要进行参数整定。

仿真模拟：能够采用 Matlab 软件和 Aspen Plus 软件进行模拟，分析设计的控制系统的性能，并对不同控制方案进行对比分析。

② 能力考查剖析。

分析问题能力：乙酸乙酯反应中反应釜工段的温度控制及其控制系统设计的分析；

逻辑思维能力：根据选型的仪表等，进行控制装置和反应釜的模型建立；

创新能力：根据仿真模拟结果，进行对比分析，并提出优化改进，给出定量和定性指导意见。

（2）知识点分析

完成该反应釜工段的控制系统，需要的自动控制原理和过程装备控制技术知识见表 7-17。

表 7-17　反应釜控制系统设计的知识点

涉及内容	自动控制原理知识点	过程装备控制技术知识点
控制系统设计	控制系统基本概念	控制系统设计准则
控制系统方框图	方框图概念和转换	串级等复杂控制系统方框图
仪表选型	测温仪表的控制特性 液位仪表的控制特性 压力测量仪表的控制特性	温度传感器和变送器 温度控制器 液位传感器 压力传感变送器
传递函数建立	拉普拉斯变换	微分方程、方框图等与传递函数的转换
仿真模拟	Matlab 软件应用	串级系统的模拟分析

案例 7-4　低温海水淡化装置控制方案应用实例

世界淡水资源不足，已成为人们日益关切的问题，因此发展海水淡化及利用的技术十分重要。在多种海水淡化方法中，低温多效蒸发海水淡化技术具有结垢风险低、动力消耗小、可利用低品位热源等优点，在工程中得到广泛应用。

请通过控制液位高度，设计一套三倍浓缩 3.5 万吨/天低温海水淡化装置的控制系统，并分析其性能。

解　（1）设计思路分析

根据多效蒸发器工作原理，设计通过调节控制阀门开度来调节各级水箱出料流量，从而控制液位高度的方案，并且在该方案上进行控制系统方框图的设计、仪表的选型、传递函数的推导及对控制系统的仿真模拟分析，最后总结控制方案的优越性。设计思路见图 7-62。

（2）控制方案设计

多效蒸发器简化为如图 7-63 所示，控制方案的详细分析如下：该控制系统由多级效组构成，每一个效组可视为相同的模型，每个模型由进料管、水箱、泵、阀门、出料管构成。将水泵视为恒定功率工作，则该模型为一个无自平衡能力的模型。以第 1 效为例，进料海水 F_0 进入第 1 效蒸发器，进料海水被加热产生水蒸气 F_{S1}，然后进入第 2 效蒸汽发生器的换热管内作为热源继续加热海水，浓盐水 F_1 经过水泵进入第 2 效蒸发器，第 1 效蒸发器中浓盐水液位 H_1 通过调节蒸发器浓盐水的出料流量

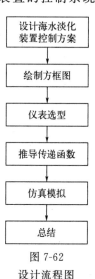

图 7-62
设计流程图

F_1 进行控制。

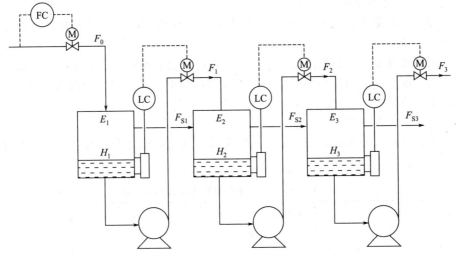

图 7-63　多效蒸发器简化模型

据多效蒸发器工作流程示意图，设计控制系统方框图，如图 7-64 所示。图中 y_p 为被控对象的输出；r 为给定值；d 为外部扰动；G_p 为被控对象。

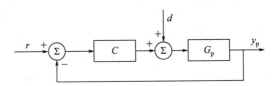

图 7-64　蒸发器控制方框图

(3) 仪表选型

① 测量变送仪表。

A. 流量测量。根据流量的测量原理进行流量计的初选。初选后，根据仪表性能、介质特性、安装和维护、环境条件、经济条件来深入分析比较，排除不合适的仪表种类，最终确定合适的流量计类型。本实验需要测定水蒸气、淡化水和盐水的流量，下面进行具体分析。

a. 水蒸气流量测定。水蒸气的流量测量条件和要求如下：介质为饱和水蒸气；管径 D 为 $\phi 750\text{mm}$；操作温度为 $153℃$；操作压力为 0.6MPa（A）；正常流量为 81200kg/h；精度要求为 2.5%；直管段限制 $<30D$。最终选用某公司的均速管流量计。该产品可以满足上述要求，因为它广泛用于蒸汽、潮湿气体、液体等介质的测量，探头材料有特殊的合金，防堵性能良好，可以双向测量。

b. 盐水流量测定。盐水流量测量条件和要求如下：介质为盐水；管径为 450mm；操作温度为 $68℃$；操作压力为 0.28MPa（A）；正常流量为 $450\text{m}^3/\text{h}$；精度要求为 1.5%；直管段限制 $<10D$。参照水蒸气流量测量仪表的选型步骤，选择 HQ-LDC 插入式电磁流量计。

c. 产品水的流量测定。淡水流量测量条件和要求如下：

介质为水；管径 600mm；操作温度 $40℃$；操作压力 0.5MPa（A）；正常流量 $1450\text{m}^3/\text{h}$；电导率 $<10\mu\text{s}$；精度要求 1.5%；直管段限制 $<10D$；无成本限制。

参照水蒸气流量测量仪表的选型步骤，可选择某公司的插入式涡街流量表

B. 温度测量。温度参数是低温多效蒸馏淡化装置的主要运行参数之一，蒸发器运行温

度一般在 70℃ 以下，各效蒸发器之间的传热温差很小，任何引起温度微小变化的因素都会引起传热量较大的变化，必须对温度参数准确测量，提高系统运行的稳定性和安全性。

该装置需要设置温度测点的子系统主要包括：进料水系统、产品水系统、浓盐水系统、抽真空系统和蒸汽系统等。根据工艺需要分别选用就地或者远传温度仪表，正确选用和安装温度仪表，对装置安全经济稳定运行显得尤为重要。

根据温度测点设置要求，该装置需要测量的温度包括装置本体蒸汽温度和工艺管道介质温度。正常工况下，系统除进料蒸汽温度范围 0～350℃ 外，其他温度范围均为 0～100℃。因此，温度测量仪表选用接触式。根据现场或远传显示要求的不同，分别选用双金属温度计和装配式热电阻（Pt100、三线制）。对于蒸发器温度测量，其实质就是测量蒸发器内部二次蒸汽温度，测量点一般设在蒸发器顶部。

最终选型规格表如表 7-18 所示。

表 7-18　温度仪表型号规格

仪表分类	品牌	精度	防护等级	型号
双金属温度计	上仪	0.015	IP65	WSS-481F
铠装热电阻	上仪	A 级	IP65	WZP2-431

在设计中，由于工艺管道管径大小不一、蒸发器工况特点不同，对温度仪表的插入深度有不同的要求，给仪表安装带来了较大的工作量。针对上述的这些情况，将温度仪表的过程连接方式由传统的普通螺纹式、法兰式改为便于调整的卡套式螺纹连接或卡套式法兰连接，管道温度测量仪表插入深度设计为 200mm，壳体温度测量仪表插入深度设计为 500mm，同时可以随时调整插入深度，避免插入深度不够造成的误差。

C. 压力测量。低温多效蒸馏海水淡化过程物料操作压力为 0.1～0.6MPa，温度为 0～350℃，所测压力较低，所需量程不大，要求精度和灵敏度不高。相比于流量仪表和温度仪表选型，压力仪表选型过程较为简单，这里不再详细赘述。本设计选择压阻式压力计。

D. 液位测量。低温多效蒸馏海水淡化过程中蒸发器液位范围为 0～5m，测量精度 1%，接触的被测介质为海水，温度 74℃ 左右，连续测量，远传仪表显示，工作压力低于常压。因此，综合考虑选择电容式液位计。该液位计可将各种物位参数的变化转换成标准电流信号，远传至操作控制室。

② 执行器选型。由于该控制系统内存在 3 个效级，各级之间均通过阀门控制，导致整个系统本身就具有较强的耦合性和较大的滞后性，所以在进行控制阀选取的时候应该尽量选择响应较快、滞后性低的控制阀。

由于本例为 DN600，工业标准规定公称直径大于 50 时只能使用蝶阀，因此，本设计选择蝶阀。同时，由于本设计属于中低压管路，所以采用对夹式而不用法兰式，因为其价格相对较低，安装方便，结构简单，可快速闭启。最终，本设计选择常温（-40～120℃）低压（负压环境）对夹式电动调节蝶阀。该阀满足执行器工作环境 30～70℃。

另外，阀杆采用三重 O 形圈密封，可以防止海水渗入腐蚀阀杆。

为保证整个设备的防腐蚀要求，级间进料出料管道使用不锈钢，管道设计流速为 2～3m/s（根据流量核算最大流速为 2.51m/s），整个设备稳定流量为 0.61m³/s，浮动值为 0.1017m³/s。根据最大流量 0.7117m³/s 并对照阀门材料和管道材料预留裕量综合进行管径的选择。

最终，计算的管径为 609mm，配和的蝶阀管径排除裕量为 602.9mm，再根据管径配合蝶阀选择对夹式蝶阀的阀径和对应参数。

最后选取执行器为常温低压对动式电动调节蝶阀（$DN600$）。

（4）传递函数确定

① 被控对象传递函数。多效蒸发器可以简化为水箱模型，如图 7-64 所示。对简化的水箱模型列出物料守恒微分方程如下：

$$\begin{cases} \dfrac{\mathrm{d}\Delta H_1}{\mathrm{d}t} = \dfrac{1}{A_1}(\Delta F_{\mathrm{in}} - \Delta F_1 - \Delta F_{\mathrm{s1}}) \\[2mm] \dfrac{\mathrm{d}\Delta H_2}{\mathrm{d}t} = \dfrac{1}{A_2}(\Delta F_1 - \Delta F_2 - \Delta F_{\mathrm{s2}}) \\[2mm] \dfrac{\mathrm{d}\Delta H_3}{\mathrm{d}t} = \dfrac{1}{A_3}(\Delta F_2 - \Delta F_3 - \Delta F_{\mathrm{s3}}) \end{cases}$$

式中，$A_i(i=1,2,3)$ 表示蒸发器的底面积；ΔH_i 为第 i 个水箱的液位设定值与瞬态值的差值；ΔF_{in} 表示进料管的进料流量与稳态值的差值；ΔF_i 表示第 i 个水箱的流出量与设定值的差值；ΔF_{si} 表示第 i 个水箱的蒸汽流出量与设定值的差值。

由上述微分方程得出的传递函数为：

$$\begin{cases} \Delta H_1 = \dfrac{1}{A_1 s}(\Delta F_{\mathrm{in}} - \Delta F_1 - \Delta F_{\mathrm{s1}}) \\[2mm] \Delta H_2 = \dfrac{1}{A_2 s}(\Delta F_1 - \Delta F_2 - \Delta F_{\mathrm{s2}}) \\[2mm] \Delta H_3 = \dfrac{1}{A_3 s}(\Delta F_2 - \Delta F_3 - \Delta F_{\mathrm{s3}}) \end{cases}$$

被控对象的传递函数为：

$$\begin{cases} G_{\mathrm{P}_1} = \dfrac{H_1(s)}{F_1(s)} = \dfrac{1}{A_1 s} \\[2mm] G_{\mathrm{P}_2} = \dfrac{H_2(s)}{F_2(s)} = \dfrac{1}{A_2 s} \\[2mm] G_{\mathrm{P}_3} = \dfrac{H_3(s)}{F_3(s)} = \dfrac{1}{A_3 s} \end{cases}$$

② 控制器传递函数。针对上述对象模型，利用 IMC-PID 的方法来整定控制器的参数。内模控制的一般结构如图 7-65 所示，图中 y_{p}、u 为被控对象的输出和操作量；y_{m} 为内部模型输出；r 为给定值；d 为外部扰动；G_{p} 为被控对象；G_{m} 为内部模型；G_{IMC} 为内模控制器。

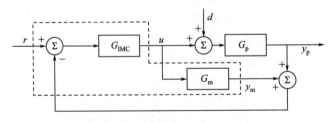

图 7-65　内模控制一般结构图

假设无模型失配和无外部扰动的情况下：

$$G_m(s) = G_p(s) = \frac{K}{s}$$

$G_m(s)$ 可以分解成两项：$G_{m+}(s)$ 和 $G_{m-}(s)$，故有：

$$G_m(s) = G_{m+}(s) G_{m-}(s) = \frac{K}{s}$$

此处 $G_{m+}(s)$ 是一个全通滤波器传递函数，包含了所有时滞和右半平面的零点；$G_{m-}(s)$ 是具有最小相位特征的传递函数：

$$G_{m+}(s) = 1 , \quad G_{m-}(s) = \frac{K}{s}$$

内模控制器形式为：

$$G_{IMC}(s) = G_m^{-1}(s) f(s)$$

$f(s)$ 反馈滤波器的函数，通常可以取以下形式：

$$f(s) = \frac{1}{(1+\lambda s)^n}$$

内模控制结构可以转换为经典反馈控制结构，令反馈控制器为 $C(s)$，可得到内模控制器与反馈控制器的关系为：

$$C(s) = \frac{G_{IMC}(s)}{1 - G_{IMC}(s) G_m(s)}$$

考虑被控对象模型为如下积分过程：

$$G_m(s) = \frac{K}{s}$$

对该积分对象，利用如下一阶环节逼近积分环节：

$$G_m(s) = \frac{K}{s} \approx \frac{\alpha K}{\alpha s + 1} \quad (\alpha \text{ 取足够大})$$

则内模控制器为：

$$G_{IMC}(s) = \frac{\alpha s + 1}{\alpha K(1+\lambda s)^n}$$

取反馈滤波器为一阶形式，可得反馈控制器为：

$$C(s) = \frac{G_{IMC}(s)}{1 - G_{IMC}(s) G_m(s)} = \frac{\alpha s + 1}{\alpha K \lambda s}$$

可得 IMC-PID 形式的控制器：

$$C(s) = \frac{1}{K\lambda} + \frac{1}{\alpha K \lambda s}$$

由式可以看出，IMC-PID 控制器为 PI 形式，由 $K = \frac{1}{A}$ 得：

$$K_P = \frac{A}{\lambda} , T_I = \frac{\alpha \lambda}{A}$$

从文献中得知，出料流量与液位之间满足 $\Delta F_i = \Delta H_i C_i$ 的关系，其中 C_i 为 PID 控制器。

（5）控制系统仿真模拟分析

在装置的启动阶段（开车阶段），实际工程中都是将控制器切换到手动状态，待装置运行到稳定状态后，再将各个控制器切换到自动状态。因此对于 Simulink 仿真，初始状态设

定入料流量为 $0.010185\sin(0.0007t) + 0.6111\mathrm{m}^3/\mathrm{s}$，初始液位设定为 2m。运行 20000s 后，调整液位设定值为 2.5m（水箱高度的 50%）。

根据对控制系统模型的分析以及上述初始条件，搭建如下图所示的 Simulink 程序。其中图 7-66 所示为入料程序。F_in 设定为振幅 $A = 0.1017$（起始量的 1/6），起始量 Bias = 0.6111，振荡频率为 0.0007rad/s，将其封装为子模块。

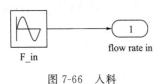

图 7-66　入料

图 7-67 为各级水箱的程序。输入量 H_setpoint 表示液位的设定值，在 0～20000s 时，液面高度为 2m，超过 20000s 后，三个水箱液面高度设定值阶跃为 2.5m。蒸汽流量相对稳态值波动范围为 $-0.006513 \sim 0.006513\mathrm{m}^3/\mathrm{s}$。sum1 求出 $\Delta H_i = H_i - H_{io}$，也就是液面瞬态值减去液面初始值。PID 控制器将 ΔH_i 变换成 $\Delta F_i = F_i - F_{io}$，也就是流量瞬态值减去流量初始值。系统通过控制阀门开度控制流速，则阀门开度的信号输出值不能超过上下限。同时也为了防止水箱中液位过低导致发生结垢现象，使容器受到腐蚀，导致系统稳定运行寿命缩短。为防止液位超过最高安全水位甚至产生溢流，在控制系统中加入输出限制，在 Simulink 中，用 Switch 模块表示。Switch1 限制 ΔF_i 的下限，Switch2 限制 ΔF_i 的上限。sum3 求出 $\Delta F_{\mathrm{in}} - \Delta F_1 - \Delta F_{s1}$ [或 $\Delta F_i - \Delta F_{i+1} - \Delta F_{s(i+1)}$]。方框 tank 表示水箱的传递函数，输出值为 ΔH_i。sum4 求出瞬时的液位值 $H_i = \Delta H_i + H_{io}$。Switch3 限制 H_i 的下限，Switch4 限制 H_i 的上限。sum5 求出流出量瞬态值。Steam disturbance 模块模拟实际过程中的蒸汽温度波动产生的干扰的作用。取 $\alpha = 1000$，$\lambda = 1$，各水箱横截面积、出口流速以及 CP、CI $\left(\mathrm{CI} = \dfrac{1}{T_1}\right)$ 值设定如表 7-19 所示。

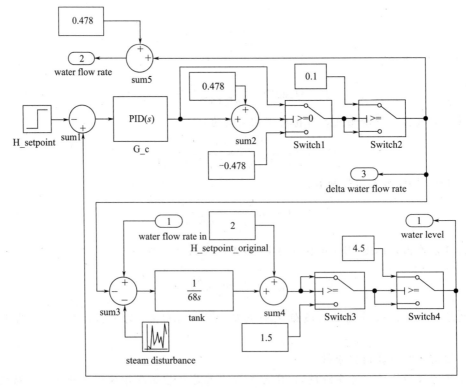

图 7-67　各级水箱

表 7-19　参数设定

水箱编号	面积 A/m^2	液体流出量初值/(m^3/s)	蒸汽流出量初值/(m^3/s)	CP	CI
1	68	0.478	0.133	68	0.068
2	68	0.3467	0.131	91.7	0.092
3	55	0.2124	0.134	110	0.110

　　将单个水箱系统封装为子模块。图 7-68 所示为进口程序和各级水箱程序的子模块,将其再次封装为二级分装如图 7-69 所示。

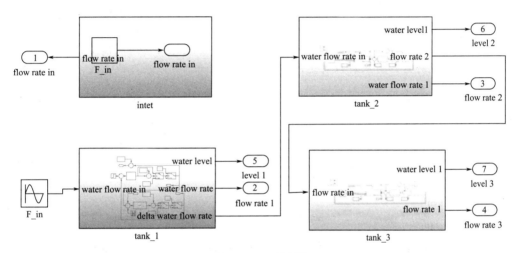

图 7-68　一级封装

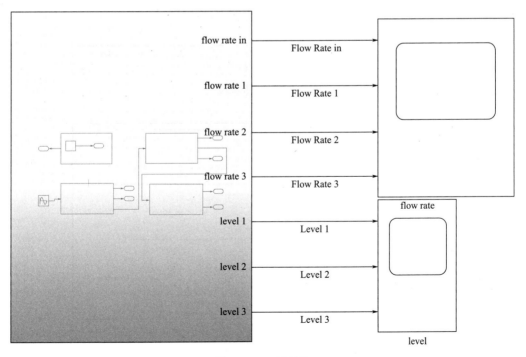

图 7-69　二级封装

（6）Simulink 模拟仿真结果与分析

采用 IMC-PID 方法整定出的控制器模型进行模拟，从输出的动态曲线中可以发现，各级水箱的输出流量随入料海水的流量变化而变化，并且几乎没有延迟。加热蒸汽的扰动对前两级水箱的出流量影响不大，反映到第三级水箱可以明显看出波动增大，但是仍然可以保持稳定，这就体现了内模控制鲁棒性强、抗干扰的优点。观察图 7-70 可以看出，水箱液位在达到稳定后就十分稳定，不受入料海水波动的影响。蒸汽的扰动也几乎可以忽略。

但是，从图 7-70 中也可以发现，水箱液位达到稳态经过了较长的时间，最长的第三级水箱达到了 9900s（2.75h）（表 7-20）。分析后认为达到稳态所经过的时间长和本系统为无自衡系统有关，而且三个水箱的液位设定值同时发生变化，导致了系统整体达到稳态需要较长的时间。虽然系统达到稳定需要时间长，但是低温海水淡化装置一旦开机运行，达到稳定状态运行后，除非进行检修工作，否则不会对液位设定值进行改动。从图 7-71 中可以看出，在系统达到稳定运行后，对入料以及乏汽温度波动的影响都可以很好地克服，所以认为本系统可以保证对多效蒸发器液位的控制。

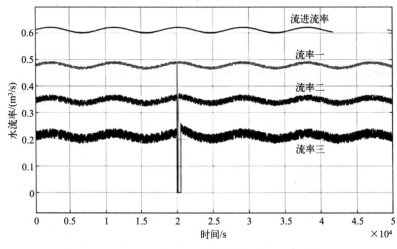

图 7-70　管道流速

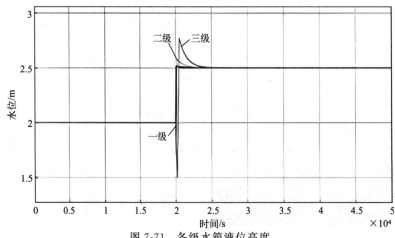

图 7-71　各级水箱液位高度

表 7-20　运行结果

水箱	达到稳定状态的时间/s	达到稳定所用时间/s
1	24000	4000
2	28000	8000
3	29900	9900

通过上述分析，获得的主要规律如下：

a. 整个控制系统设计中，存在如海水进料量、各效组液位、各效组级间进料出料不能自平衡的变量，通过设计的控制系统均实现了控制。

b. 所选择的输出变量处于选择的仪器操作限制内。本例中的工艺流程中的输出变量满足所使用仪器对夹式电动调节阀的压力＜1.5MPa，温度－40～150℃等环境参数和90°开度操作限制要求。

c. 本例中选择各级进出料流量控制阀开度作为输出变量，能够直接控制工艺中各级的液位高度，从而控制各级的造水比和热负荷，反映整个流程中各级的效益和产品产量。

d. 直接选择各级进料和出料作为控制变量，使控制的各变量具有很强的耦合性，能够有效地减小干扰对于整体系统控制的影响。

e. 输出变量，即调节阀的开度在 25～75 之间均是线性的，即控制开度为 40 时，阀门流量控制也为 40%，输出变量具有较好的动态特性和静态特性。

f. 选择各效的系统水位作为输入。各级的水位和进出料阀门开度之间是直接相关的，直接检测各级液位并依此对进出料流量进行控制，能有效控制各级液位高度。虽然各级之间的进料出料存在较大耦合性，对某一级的液位控制效果会影响到其他级，但在理想情况下，可以进行忽略。

案例小结

（1）重点难点和能力培养

① 难重点考查。

难点：根据低温多效海水淡化装置中多效蒸发器的工作过程，设计合理的控制方案。需要进行文献调研分析，理解海水淡化装置性能要求和控制方案之间的关系，实现对控制方案的筛选和判断。

重点：控制知识的合理应用。例如，根据设计的控制方案，画出合理的方框图，需要应用控制系统的基本概念，确定控制系统的基本参数和控制作用。

传递函数建立可以采用两种策略：一是根据控制选用的仪表、多效蒸发器等的物理过程，进行数学模型建模，然后进行拉普拉斯变换获得传递函数；二是查阅文献，利用文献研究成果建立模型，但是需要进行参数整定。

仿真模拟：能够采用 Matlab 等软件进行模拟，分析设计的控制系统的性能，并与文献或者已有研究对比分析。

② 能力考查剖析。

分析问题能力：低温多效海水淡化装置中多效蒸发器的液位控制及其控制系统设计分析；

逻辑思维能力：根据选型的仪表和硬件设备，进行控制装置和被控对象的模型建立；

创新能力：根据仿真模拟结果，进行对比分析，并提出优化改进，给出定量和定性指导意见。

（2）知识点分析

完成该多效蒸发器的液位控制系统需要的自动控制原理和过程装备控制技术知识见表 7-21。

表 7-21　多效蒸发器液位控制系统设计的知识点

涉及内容	自动控制原理知识点	过程装备控制技术知识点
控制系统设计	控制系统基本概念	控制系统设计准则
控制系统方框图	方框图概念和转换	内模控制(IMC-PID)等复杂控制系统方框图
仪表选型	测流量、温度、压力和液位仪表的控制特性	流量、温度、压力和液位传感器和变送器
传递函数的建立	拉普拉斯变换	微分方程、方框图等与传递函数的转换
仿真模拟	Matlab 软件应用	内模控制系统的模拟分析

第8章
先进过程控制系统简介及设计案例

8.1 重点和难点

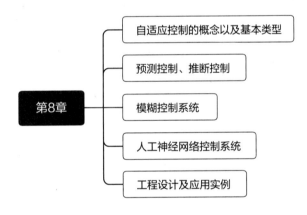

本章学习提出了更高的要求，可以借鉴更多参考资料了解较为深奥的模糊控制、神经网络等方面的知识。

需要重点关注新的控制策略如何改善常规控制系统，如何实现控制系统的优化和性能提升。

本章重点考查应用知识能力、创新能力和终生学习能力，能力考查、知识点和学习重点的关系如表 8-1 所示。

表 8-1　第 8 章能力考查、知识点和学习重点的关系

能力考查	知识点	学习重点
应用知识	先进控制系统	先进控制系统对比分析
创新能力	新的控制方法的应用	分组设计
终生学习	新控制技术	控制技术特点归纳总结

8.2　基本知识

(1) 名词术语

本章概括介绍了几种先进过程控制系统的基本概念。因此要通过学习熟练掌握先进控制的常用术语。例如：自适应控制、推断控制系统、预测控制系统、模糊控制系统、人工神经网络。

(2) 自适应控制系统

自适应控制系统是指能够适应被控过程参数的变化，自动调整控制参数，从而适应过程特性变化的控制系统。自适应控制的研究对象是具有一定程度不确定性的系统，这里所谓的"不确定性"是指描述被控对象及其环境的数学模型不是完全确定的，其中包含一些未知因素和随机因素。

(3) 推断控制系统

推断控制系统就是指利用模型，由可测信息将不可测的被控变量推算出来以实现反馈控制，或将不可测的扰动推算出来以实现前馈控制的一类控制系统。

(4) 预测控制系统

预测控制系统采用基于脉冲响应的非参数模型作为内部模型，用过去和未来的输入输出状态，根据内部模型，预测系统未来的输出状态。用模型输出误差进行反馈校正以后，再与参考轨迹进行比较，应用二次型性能指标进行滚动、优化，然后再计算当前时刻加于系统的控制，完成整个动作循环。

(5) 模糊控制系统

模糊逻辑控制（fuzzy logic control）简称模糊控制，是以模糊集合论、模糊语言变量和模糊逻辑推理为基础的一种计算机数字控制技术。模糊控制的基本思想是利用计算机来实现人的控制经验，而这些经验多是用语言表达的、具有相当模糊性的控制规则。

(6) 人工神经网络控制系统

① 人工神经网络的基本特性。人工神经网络由神经元模型构成；这种由许多神经元组成的信息处理网络具有并行分布结构。每个神经元具有单一输出，并且能够与其他神经元连接；存在许多（多重）输出连接方法，每种连接方法对应一个连接权系数。严格地说，人工神经网络是一种具有下列特性的有向图：

a. 对于每个节点 i 存在一个状态变量 x_i；

b. 从节点 j 至节点 i，存在一个连接权系数 w_{ij}；

c. 对于每个节点 i，存在一个阈值 q_i；

d. 对于每个节点 i，定义一个变换函数 $f_j(x_i, w_{ij}, q_i)$。

② 人工神经网络的基本结构。

递归网络。在递归网络中，多个神经元互连以组织一个互连神经网络。有些神经元的输出被反馈至同层或前层神经元。因此，信号能够从正向和反向流通。Hopfield 网络、Elman 网络和 Jordan 网络是递归网络的代表。递归网络又叫作反馈网络。

前馈网络。前馈网络具有递阶分层结构，由一些同层神经元间不存在互连的层级组成。从输入层至输出层的信号通过单向连接流通；神经元从一层连接至下一层，不存在同层神经元间的连接。前馈网络的例子有多层感知器（MLP）、学习矢量量化（LVQ）网络、小脑模型连接控制（CMAC）网络和数据处理方法（GMDH）网络等。

(7) 人工神经网络的主要学习算法

有师学习。有师学习算法能够根据期望的和实际网络输出（对应于给定输入）间的差来调整神经元间连接的强度或权。因此，有师学习需要有个老师来提供期望或目标输出信号。有师学习算法的例子包括 d 规则、广义 d 规则、反向传播算法以及 LVQ 算法等。

无师学习。无师学习算法不需要知道期望输出。在训练过程中，只要向神经网络提供输入模式，神经网络就能够自动地适应连接权，以便按相似特征把输入模式分组聚集。无师学习算法的例子包括 Kohonen 算法和 Carpenter-Grossberg 自适应谐振理论（ART）等。

强化学习。如前所述，强化学习是有师学习的特例，不需要老师给出目标输出。强化学习算法采用一个"评论员"来评价与给定输入相对应的神经网络输出的优度（质量因数）。强化学习算法的一个例子是遗传算法。

8.3 例题解析

例 8-1 试简述自适应控制系统的工作特点。

解 自适应控制系统可以依据对象的输入输出数据，不断地辨识模型参数，随着生产过程的不断进行，通过在线辨识，模型会变得越来越准确，越来越接近于实际。

例 8-2 自适应控制的研究对象有哪些？

解 自适应控制的研究对象一般是非线性的工业对象和非定向而具有时变特性的工业对象。

例 8-3 画出预测控制系统的原理方框图并说明预测控制系统有哪些要素。

解 预测控制系统的原理方框图图 8-1 所示。预测控制系统的三大要素是：内部模型、参考轨迹、控制算法。

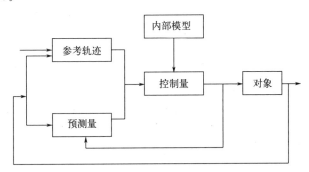

图 8-1 预测控制系统的原理方框图

8.4 实用案例

案例 8-1 创新港化工大楼中央空调系统设计。西安交通大学创新港由一个又一个巨构构成，设计一个节能、舒适、稳定的中央空调系统有着很大的意义。完整的中央空调系统主要包含室内空气循环、冷冻水循环、制冷剂循环、冷却水循环和室外空气循环五个回路（图 8-2）。

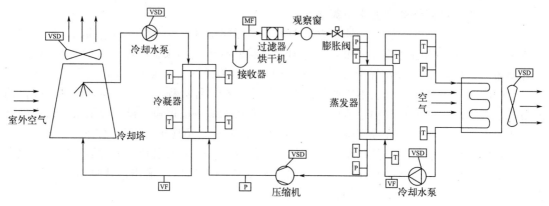

图 8-2 中央空调系统

T—温度传感器；P—压力/压差传感器；VF—容积流量传感器；MF—质量流量传感器；VSD—变速传动

制冷机组（冷水机组）：蒸汽压缩式制冷机组是整个中央空调系统的核心，主要包括压缩机、冷凝器、节流装置、蒸发器和其他辅助设备。制冷剂在密闭系统中不断循环流动，发生状态变化，不断吸热放热，实现制冷。

冷冻水循环系统：主要包括冷冻水泵，管道结构和阀门。从制冷机组流出的低温冷冻水，由水泵通过管路送到风机盘管系统中，吸收盘管周围的环境热量，成为高温的冷冻水回水，然后重新进入制冷机组，在蒸发器内与制冷剂进行热交换，将热量传递给制冷剂，然后又变成低温冷水被送到风机盘管中，完成一个循环。

冷却水循环系统：主要包括冷却水泵、供回水管路、冷却水塔、阀门等部件。通过水泵将冷却水送到冷凝器，与制冷剂进行热交换，冷却水吸收大量热量，然后变热的冷却水被送到冷却塔，冷却塔中的风扇对冷却塔进行喷淋式冷却，使冷却水降温，再次进入冷凝器，完成循环。

风机盘管系统：是中央空调系统的末端装置，主要包括盘管风机，换热管等。风机盘管系统的作用是使循环室内的空气与冷冻水进行换热，并提供适量的新风，保证房间区域的室内环境需求，如温度、湿度等。

中央空调制冷系统的工作过程，是一个不间断的热量交换过程，将负荷从室内传递向室外，达到制冷的目的。现在大部分的空调系统采用传统的 PID 控制，但中央空调作为一个复杂的非线性的系统，PID 控制并不能取得很好的效果。请设计控制方案，并进行优化改进。

解 （1）设计思路分析

根据中央空调系统运行原理设计出通过调整风机盘管冷冻水流量来控制室内温度的方案，并且在该方案上进行控制系统方框图的设计、仪表的选型、传递函数的推导及对控制系统的仿真模拟分析，最后总结控制方案的优越性。设计思路如图 8-3 所示。

（2）控制方案设计

中央空调房间温度调整示意图见图 8-4。控制方案的详细分析如下：假定开始时房间内处于稳定状态，房间内维持热量平衡；如果设定一个更低的温度，经过反馈，通过增加阀门开度，可以增加

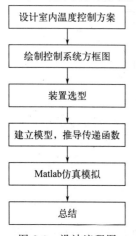

图 8-3 设计流程图

风机盘管冷冻水流量，进而可以降低房间风机盘管机组的送风温度，进一步起到降低室温的作用。如果设定一个更高的温度，则通过降低阀门开度，减少风机盘管冷冻水流量，送风温度升高，无法带走更多的热量，进而使得室内升温。

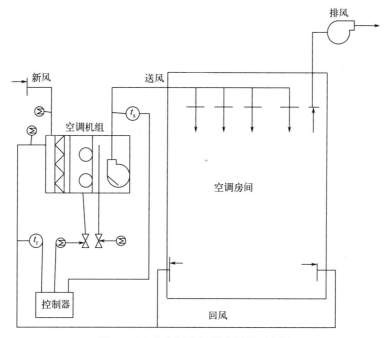

图 8-4　中央空调房间温度调整示意图

根据上述控制方案，可以获得如图 8-5 所示的方框图。

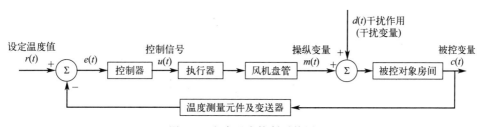

图 8-5　室内温度控制系统图

（3）仪表选型

① 温度变送器。在中央空调系统中可以采用的三类温度测量变送器包括热电偶、热电阻及热敏电阻。

② 执行器。风机盘管末端温度控制系统的执行器可采用电动二通阀。该电动调节阀由电动执行机构和电动调节机构两部分组成，它与电磁阀之间最大的差别在于电动调节阀可以进行连续调节。

③ 控制器。由于在调节的过程中，不仅用到了传统的 PID 控制方法，还使用了模糊控制方法，因此所用的控制器为全刻度指示控制器和模糊逻辑控制器。

（4）模型确定

① 风机盘管机理建模。由于选用的是某品牌 MCW1000AC 型卧式暗装型两管制三盘管风机盘管，它的参数取值可以从 MCW1000AC 型风机盘管样本中查到。该风机盘管包括盘管、风机、供回水管和箱体等部分。每个房间均设有独立的风机盘管末端，每个房间内人员

可以通过每个房间末端温度的控制器操作面板设定房间温度以满足房间内人员的舒适度。风机盘管末端的控制目的是调节盘管冷却能力，使之与房间热负载相匹配。调节方式有风量、水量、水温三种调控方法。水温调节相对而言是一种集中控制调节方式，主要根据气候变化对机房制冷机组供回水温度进行调节。风量调节采用风机盘管三挡手动风机调速，可以人为选择风机挡位。水量调节是通过盘管进水管上的电动二通阀对进入盘管内冷冻水的流量进行控制。风机盘管是一种间壁式热交换设备，通过内部盘管内流动的冷冻水与外界热空气进行热交换。间壁式的特点是经过盘管壁面的阻挡，热空气不与冷冻水介质直接接触。根据瞬时进出风机盘管能量平衡原则，忽略风机盘管自身表面蓄热量，可以用下面的微分方程表示：

$$c_v V_p \frac{dt_{in}}{d\tau} + G_p c_p \Delta t_p = G_{in} c_p (t_{p\text{-}in} - t_{in}) + N$$

整理得到：

$$\frac{c_{vw} V_p}{G_{in} c_{pw}} \times \frac{dt_{in}}{d\tau} + t_{in} = -\frac{\Delta t_p c_p}{G_{in} c_{pw}} G_p + t_{p\text{-}in} + \frac{N}{G_{in} c_{pw}}$$

式中　V_p——风机盘管机组箱体容积即单位时间可以处理的风量，2.333m^3；

$t_{p\text{-}in}$——风机盘管机组的进风温度即房间回风温度，℃；

N——风机盘管中所有风机的电热功率和，732W；

G_p——盘管的进水管冷冻水质量流量，kg/s；

c_{vw}——风的定容比热容，取为 $1.346\text{kJ}/(\text{cm}^3 \cdot ℃)$；

G_{in}——样本空调房间和盘管机组送风量，取为 1600kg/h；

c_v——介质的定容比热容，$\text{kJ}/(\text{cm}^3 \cdot ℃)$；

c_p——盘管进水管冷冻水的比热容，$0.432\text{kJ}/(\text{kg} \cdot ℃)$；

c_{pw}——风的定压比热容，取为 $2.25\text{kJ}/(\text{kg} \cdot ℃)$；

Δt_p——盘管的冷冻水温差，7℃。

代入 MCW1000AC 型风机盘管参数，得到数学模型如下：

$$3.14\frac{dt_{in}}{d\tau} + 3.02G_p = 0.732 + t_{p\text{-}in} - t_{in}$$

所得到模型的输入量是风机盘管冷冻水流量 G_p，输出量是风机盘管送风温度 t_{in} 的一阶微分方程，将风机盘管数学模型在 Matlab 中建立 Simulink 仿真模型，如图 8-6 所示。

② 温度变送器机理建模。根据瞬时进出能量平衡原则，将热敏电阻整体看作一个热交换体，通过自身表面积与外界进行热交换，将其看作一个不蓄热的物体，其得热率与发热率相等，建立如下数学模型：

$$c_r \frac{dt}{d\tau} = \alpha F(t - t_r)$$

式中　c_r——热敏电阻热容量，kJ/℃；

t_r——热敏电阻温度，℃；

t——室温，℃；

α——房间温度下空气与热敏电阻之间的对流传热系数，$\text{kJ}/(\text{m}^2 \cdot \text{h} \cdot ℃)$；

F——热敏电阻的表面积，m^2。

整理得：

$$\frac{c_r}{\alpha F} \times \frac{dt}{d\tau} + t_r = t$$

最终得到热敏电阻模型为：

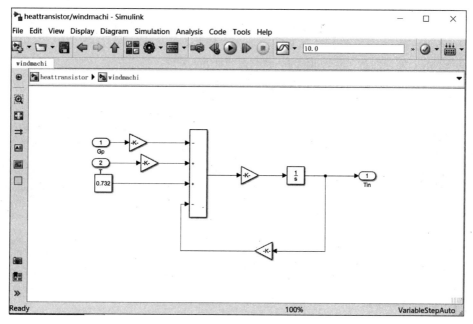

图 8-6　风机盘管 Simulink 建模

$$T\frac{\mathrm{d}t_{\mathrm{r}}}{\mathrm{d}\tau}+t_{\mathrm{r}}=t$$

其中 T 取值 360，得：

$$360\frac{\mathrm{d}t_{\mathrm{r}}}{\mathrm{d}\tau}+t_{\mathrm{r}}=t$$

上式中，房间温度输出量是热敏电阻温度的一阶微分方程，将热敏电阻数学模型在 Matlab 中建立 Simulink 仿真模型，如图 8-7 所示。

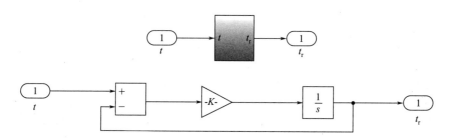

图 8-7　温度测量变送 Simulink 建模

③ 执行器建模。风机盘管末端温度控制系统采用的执行器是电动二通阀。执行器选用型号为 VA3102 型电动调节阀。电动阀门定位器接收从控制器传来的控制信号，使阀门开度产生变化，阀的行程增量 ΔI 与控制器的输出增量 Δp 成比例关系，因此，执行器模型近似表述为一个比例环节：

$$G(s)=K$$

在 Matlab 中建立 Simulink 仿真模型，如图 8-8 所示。

（5）控制系统仿真模拟分析

模糊控制建模选用 PID-fuzzy，隶属度函数设置如下，ec 的变化范围为 $[0，3]$，设置有 2 输入，3 输出等，如图 8-9 所示。

图 8-8 执行器 Simulink 建模

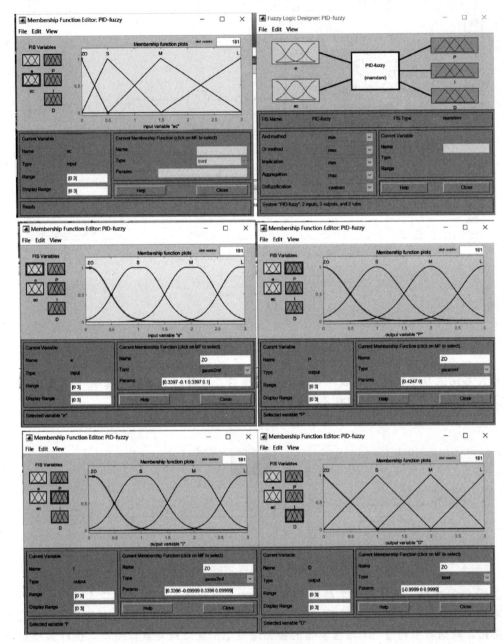

图 8-9 隶属度函数

Membership Function 设为 ZO，类型选为 gauss2mf。

逻辑规则输入器的选择根据 e、ec、P、ZO、D 等具体判断，根据 if…then…等判断，如图 8-10 所示。

控制规则的二维图和三维图给出了 e、ec、P、I、D 结果，它们的 surface area 图如图 8-11 所示。

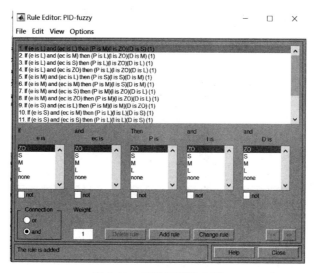

图 8-10　逻辑规则输入器

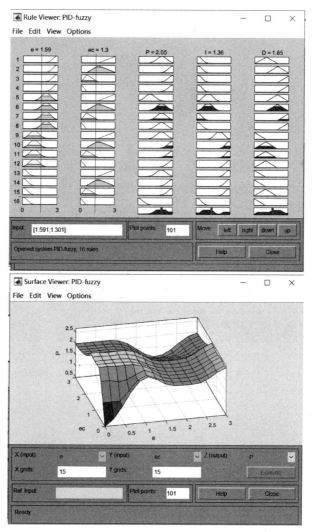

图 8-11

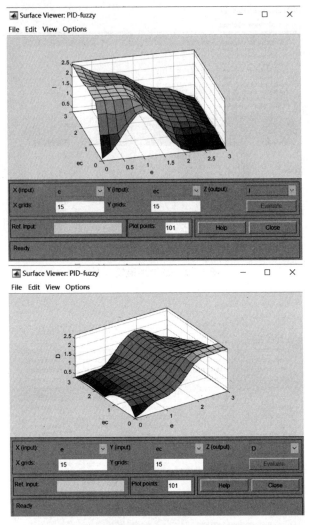

图 8-11　控制规则的二维图和三维图

模糊控制框图如图 8-12 所示。

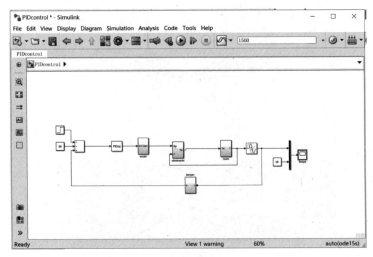

图 8-12　模拟控制框图

模糊控制器内部的设置包括了 u、$\Delta u / \Delta t$，而且耦合了 PID 参数，如图 8-13 所示。模拟结果见图 8-14，由图 8-14 可知：

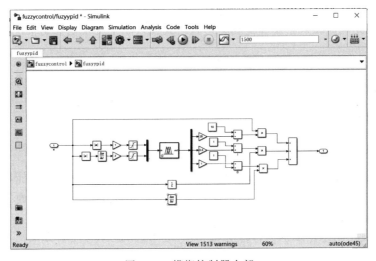

图 8-13 模糊控制器内部

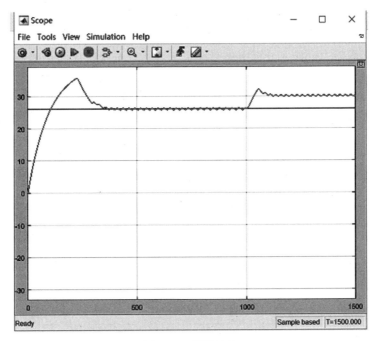

图 8-14 模拟结果

余差 $e(\infty) = 26.5 - 26 = 0.5$

超调量 $\sigma = \dfrac{35 - 26.5}{26.5} = 0.321$

回复时间 $t_s = 400\text{s}$

通过以上数据可以看出，设计的中央空调控制系统误差较低，准确率高，但是超调量比较大，还需要进行进一步的分析优化。

本作品提出的控制系统与传统单回路 PID 控制相比具有较大的优势，主要表现在以下方面：

a. 通过风机盘管末端的冷水流量来控制换热量，可以达到将温度控制在设定温度值附近的目的，控制方法简便易行。

b. 控制误差小，准确率高。

c. 对于中央空调这样一个复杂的非线性系统，模糊控制方法能够实现良好的控制。

综上所述，设计的控制系统具有优良的控制效果，在中央空调控制系统中具有应用价值和发展潜力。

案例小结

（1）重点难点和能力培养

① 难重点考查。

难点：中央空调作为一个复杂的非线性系统，单回路控制并不能取得较好的效果，需要进行文献调研分析，深入理解控制系统和各控制对象，从而实现对控制系统良好的设计。

重点：控制系统知识的合理应用。例如，根据设计的控制方案，对控制系统的各部分进行合理建模，得到各部分的传递函数，进而对控制系统进行整定优化。

仿真模拟：能够采用 Matlab 软件进行模拟，分析设计的控制系统的性能，对设计的控制系统进行整定优化，并与文献或者已有研究对比分析。

② 能力考查剖析。

分析问题能力：深入分析中央空调系统，了解系统组成和目前遇到的问题，对问题进行分析优化。

逻辑思维能力：根据设计的控制系统，进行各部分的模型建立和参数优化。

创新能力：对于存在的问题，给出新的优化改进方案，需要在原有的基础上大胆创新。

（2）知识点分析

完成该中央空调控制系统，需要采用的自动控制原理和过程装备控制技术知识见表 8-2。

表 8-2　中央空调控制系统设计的知识点

涉及内容	自动控制原理知识点	过程装备控制技术知识点
控制系统设计	控制系统基本概念	控制系统设计准则
控制系统方框图	方框图概念和转换	串级等复杂控制系统方框图
仪表选型	测温仪表控制特性	温度传感器和变送器
模型建立	建模方法	微分方程、方框图等相互关系
仿真模拟	Matlab 软件应用	串级系统的模拟分析

案例 8-2　DDC 控制在智能公寓空气调节系统的应用。楼宇自动化系统建设的主要目的是降低建筑设备系统的运行能耗，减轻运行管理的劳动强度，提高设备运行管理的水平。在智能建筑中，空气调节系统的耗电量通常占全楼总耗电量的 1/3 以上，而监控点位数量常常占全楼自动化控制系统的总点位数量的 50% 以上。因此需要通过自动化系统实现对空气调节系统的最优化控制。通过直接数字控制器（DDC）采集有关数据，经线路上传至中央监控系统，再经计算、比较，将有关控制信息返回 DDC，然后输出相应命令，由现场执行器

执行有关命令,以完成整个自动控制过程。空气调节系统的运行可靠与否决定了建筑物内部的舒适程度,因此需要对各个子系统的空气参数和设备状态进行实时监控。

请设计系统,满足如下目标:

a.对空调设备的运行进行有效的控制和管理;

b.充分利用节能技术,实现空调系统的节能运行;

c.减轻运行管理的劳动强度,安全稳定地运行。

解 (1)设计思路分析

根据 DDC 控制原理,可以设计出通过调整冷水、热水温度和流量、新风流量和湿度等参数来控制室内温度、湿度和 CO_2 浓度的方案,并且在该方案上进行控制系统方框图的设计、仪表的选型、逻辑图建立及对控制系统的分析,最后总结控制方案的优越性。设计思路如图 8-15 所示。

(2)控制方案设计

制冷系统的示意图见图 8-16,新风系统的示意图见图 8-17。控制方案的详细分析如下:

① 连锁控制。新风机组启动控制顺序为:启动新风风机→开启新风机组风阀→开启水系统电动调节阀→开启加湿器。

② 停机控制顺序为:关闭新风风机→关闭加湿器→关闭水系统电动调节阀。

③ 冬夏季自控系统工况转换。

④ 送风温湿度监测及控制:在风机出口处设温湿度传感器输入通道,分别对空气温度和相对湿度进行检测。在夏季,当送风温度高于设定值,应开大冷水阀;低于设定值时则关小冷水阀。在冬季,当送风温度低于设定值,应开大热水阀;高于设定值则关小热水阀。

⑤ 过滤器状态显示和报警。风机启动后用微压差开关即可监测过滤器两侧压差。过滤器前后压差增大,超过设定值,微压差开关吸合,从而产生"通"的开关信号。通过一路输入通道接入 DDC。这种压差开关的造价大大低于直接测出微压差的微压差传感器,而且可靠耐用。

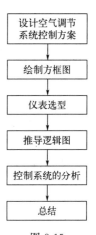

图 8-15
设计流程图

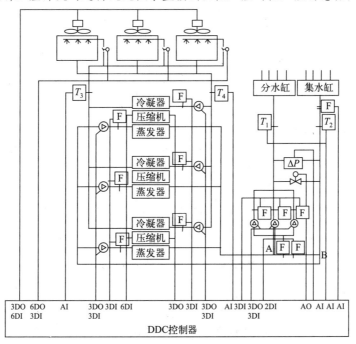

图 8-16 制冷系统示意图

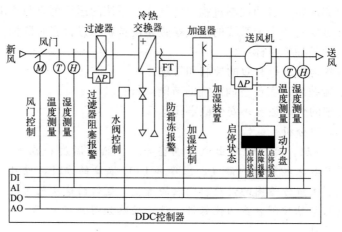

图 8-17　新风系统示意图

⑥ 防冻保护控制。在寒冷地区为防止换热盘管冻结，在换热盘管下方安装防霜冻保护器 FT。当风机处于停止状态，通过 DDC 把热水阀稍稍打开，保证盘管出口处温度不低于5℃，防止盘管冻结。

⑦ 风机变速和启停控制。目前风机盘管配用的电机均采用中间抽头方式，通过接线可实现对风机高中低三挡转速控制。风机盘管的启停控制和风量调节通常由使用者通过手动三速开关就地控制。

根据空气调节 DDC 控制系统要求，制定了控制系统算法，如图 8-18 所示。

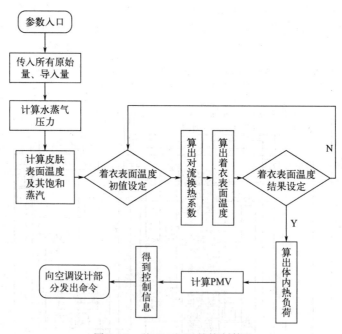

图 8-18　基于 PMA 的控制算法

（3）硬件选型

① 仪表选型。

A. 温湿度测量。选择某温湿度传感器，有防尘设计，内置防干扰模块抗干扰，同时可以调节测温量程，如图 8-19 所示。

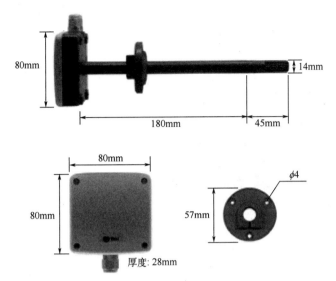

图 8-19　温湿度传感器

B. CO_2 浓度测量。选择某 senseair S8 型号的二氧化碳传感器，该传感器普适性较强，测量敏感。

C. PM2.5 监测。PM2.5 传感器主要参数：测量范围 $0 \sim 1000 \mu g/m^3$；测量精度 5%；响应时间 $< 2s$；总线传输距离 $> 1200m$。

D. 甲醛监测。甲醛传感器主要参数及特征：测量范围 $0 \sim 5 \times 10^{-6}$；分辨率 $< 0.01 \times 10^{-6}$；内置温度传感器，可温度补偿；低功耗、高精度。

② 设备选型。

A. 进排气风阀。选择某公司 FV-MGX150PC 进排气风阀，带有防虫防尘网，可以防止风口的异物堆积导致堵塞。

B. 波纹管。选择 PE 双壁波纹管，采用食品级原生环保材料，外壁波纹内壁光滑，风阻更小，防尘抑菌。

C. 过滤网。选择某 GSHH3K1C 高效过滤网，网孔小，可以过滤 97% 以上的 PM2.5，且寿命可长达 6 个月。

D. 全热交换器。选择某公司的 FY-15GZP1 全热交换器，不易变形、堵塞，寿命更长，传热透湿性能极佳，同时阻挡有害气体通过，有效呈现住宅自然新空气。

E. 加湿器。选择某蒸汽加湿器，它具有体积小、效率高、全自动运行等优点。

F. 送风机。选择某公司 FV-25NF3C 送风机，它有着风量大、噪声小、体积小、效率高的优点。

③ DDC。在 DDC 中，计算机的输出直接作用于控制对象，如图 8-20 所示。

（4）控制系统分析

① 空气调节系统。根据 Simulink，可以通过双击温度控制模块中的用户设定值，并输入温度值来设置希望的空气温度，最终设计的空气调节系统如图 8-21 所示。

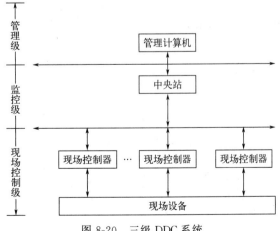

图 8-20　三级 DDC 系统

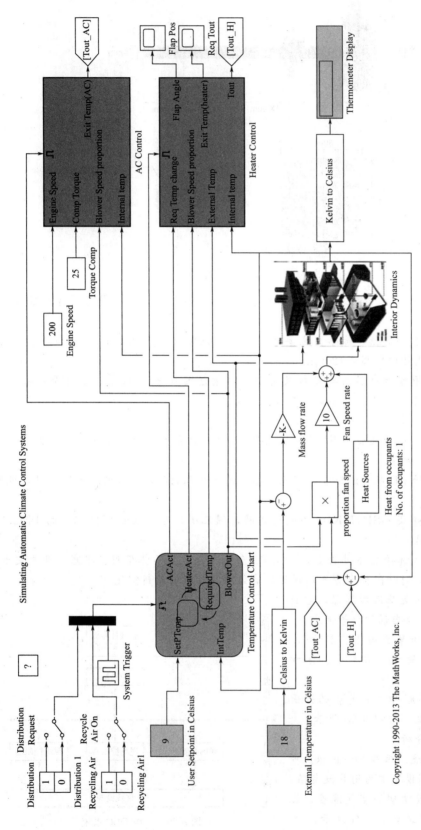

图 8-21 空气调节系统

② 监督控制级。在 Stateflow 中实现建立监督控制级，内含风量调节（Blower）、温度调节（Heater-AC）、空气分配（AirDist）、回收空气（Recyc_Air）。

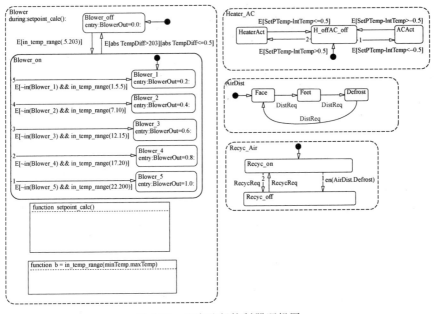

图 8-22 温度监督控制器逻辑图

③ 过程分析。Heater_AC 状态的工作原理如下：当输入设定温度高于当前温度且差值大于 0.5℃时，加热器系统将被接通。加热器将保持活跃状态，直到当前温度在设定点温度 0.5℃范围以内。当用户输入温度低于当前温度且差值大于 0.5℃时，空调开启并保持活跃状态，直到空气温度在设定温度的 0.5℃范围以内，之后，系统将关闭。

设置 0.5℃的死区以避免连续切换的问题。

在鼓风机状态下，如果设定温度与当前温度之间的差异越大，风扇吹得越快。

④ 加热子系统。加热子系统示意图见图 8-23。

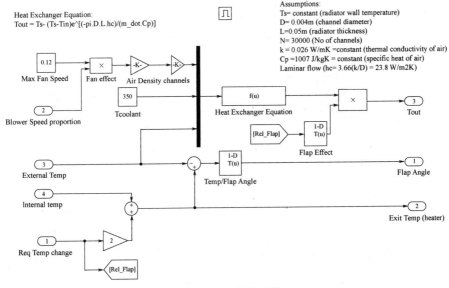

图 8-23 加热子系统

⑤ 空调子系统。设计的空调子系统通过压缩机、风机等实现控制，满足传热要求，实现控制，如图 8-24 所示。

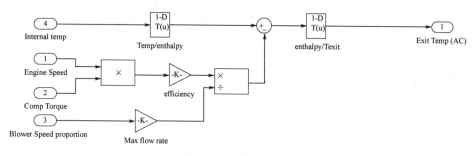

Heat Transfer Equation (from evaporator):

y.(w.Tcomp)= m_dot.(h4-h1)

y = efficiency
m_dot = mass flow rate
w = speed of the engine
Tcomp = compressor torque
h4, h1 = enthalpy

图 8-24　空调子系统

综上所述，智能楼宇空气调节系统（图 8-25）涵盖了楼宇控制常见的多个子系统，对温湿度可以采用比例积分微分调节，也可以运用其他复杂算法，关键是解决各个子系统中每个控制点的逻辑运行顺序控制问题。本设计主要采用 Lonworks 现场总线和通信协议，通过以太网口通信，上位机采用 Insight 软件对 DDC 进行组态控制，确保了系统安全稳定运行，实现了楼宇自动化控制的目的，为楼宇提供了安全、舒适、高效的办公与生活环境。

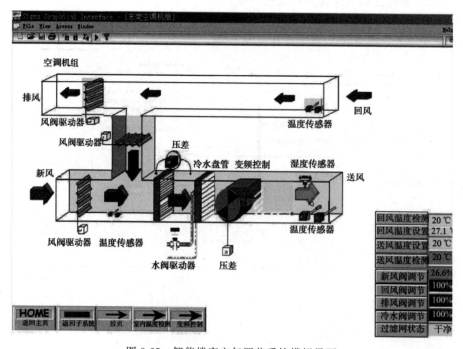

图 8-25　智能楼宇空气调节系统模拟界面

⑥ 优势分析。

a. 计算机完全代替了模拟控制器，实现了几个甚至更多的回路控制；

b. 通过程序容易实现其他新型控制规律的控制，如：串级控制、前馈控制、自动选择性控制等；

c. 将显示、记录、报警、给定值设定等功能全都集中在操作控制台上，给操作人员带来很大方便。

案例小结

（1）重点难点和能力培养

① 难重点考查。

难点：根据空气调节系统工作过程，设计合理的直接数字控制器（DDC）的控制方案，需要进行文献调研分析，理解空气调节系统性能要求和DDC之间的关系。

重点：计算机控制知识的合理应用。例如，根据DDC控制的逻辑图以及DDC的基本架构和控制策略，设计合理的DDC。

② 能力考查剖析。

分析问题能力：空气调节系统中DDC对室内温度、湿度和CO_2浓度的控制及其控制系统设计的分析。

逻辑思维能力：根据选型的仪表和信号传递逻辑，进行控制装置和被控对象的模型建立。

创新能力：进行对比分析，并提出优化改进，给出定量和定性指导意见。

（2）知识点分析

完成该智能公寓空气调节DDC控制系统，需要采用的自动控制原理和过程装备控制技术知识见表8-3。

表8-3 智能公寓空气调节DDC控制系统设计的知识点

涉及内容	自动控制原理知识点	过程装备控制技术知识点
DDC控制方案	控制系统基本概念	控制系统设计准则
DDC系统架构	信号传递规律	PMA等复杂控制系统逻辑图
仪表选型	测量温度、湿度，CO_2、PM2.5和甲醛浓度仪表的控制特性	温度、湿度、CO_2、PM2.5和甲醛浓度传感器和变送器等
仿真模拟	Matlab软件应用	PMA系统的模拟分析

→ 参考文献

[1] 张早校，王毅.过程装备控制技术及应用.3 版.北京：化学工业出版社，2018.

[2] 张爱民，葛思擘，杜行俭.自动控制理论重点难点及典型例题解析.西安：西安交通大学出版社，2002.

[3] 金治东.先进过程控制技术在尿素合成装置上的应用.氮肥与合成气，2022，50（2）：26-29.

[4] 龚瑞昆，张文庆，龚雨含，等.甲醇精馏塔温压解耦控制系统的研究.现代电子技术，2021，44（23）：83-87.

[5] 侯志林.过程控制与自动化仪表.北京：机械工业出版社，2000.

[6] 童征，王亚刚，王凯.基于反应釜的串级控制系统抗积分饱和研究.软件导刊，2019（10）：65-68.

[7] 厉玉鸣.化工仪表及自动化.6 版.北京：化学工业出版社，2019.

[8] 胡寿松.自动控制原理.7 版.北京：科学出版社，2019.

[9] 厉玉鸣.化工仪表及自动化例题习题集.北京：化学工业出版社，1999.

[10] 厉玉鸣.化工仪表及自动化（化学工程与工艺专业适用）.3 版.北京：化学工业出版社，1999.

[11] 邵裕森，戴先中.过程控制工程.2 版.北京：机械工业出版社，2000.

[12] 蔡大伟.基于 Simulink 的锅炉温度流量串级控制系统设计与仿真.变频器世界，2019：93-97.

[13] 邵裕森.过程控制及仪表（修订版）.上海：上海交通大学出版社，1995.

[14] 王毅.过程装备控制技术及应用.北京：化学工业出版社，2001.

[15] 王蕊.乙烯精馏塔提馏段温度控制系统.电工技术，2022（8）：11-13.

[16] 孟华.工业过程检测与控制.北京：北京航空航天大学出版社，2002.

[17] 向婉成.控制仪表与装置.北京：机械工业出版社，1999.

[18] 马凯，张庆，赵林涛，等.电驱离心管线压缩机先进控制方法及应用.工业仪表与自动化装置，2022（5）：107-109.

[19] 侯志林.过程控制与自动化仪表.北京：机械工业出版社，2000.

[20] 施仁，刘文江，郑辑光.自动化仪表与过程控制.北京：电子工业出版社，2003.

[21] 方康玲.过程控制系统.武汉：武汉理工大学出版社，2002.

[22] 丛羊，雷宏艳.LNG 储配站原料气压缩机的自动控制设计.电气时代，2022（2）：79-81.

[23] 高志宏.过程控制与自动化仪表.杭州：浙江大学出版社，2006.

[24] 张根宝.工业自动化仪表与过程控制.西安：西北工业大学出版社，2003.

[25] Dale E S, Thomas F E, Duncan A M.过程的动态特性与控制.王京春，等译.北京：电子工业出版社，2006.

[26] 齐岩，黄海龙，边帅.基于 PLC 的往复式压缩机自动控制系统的设计.机电技术，2022（2）：7-9.

[27] Karl J A, Bjorn W.计算机控制系统：原理与设计.周兆英，等译.北京：电子工业出版社，2001.

[28] 金以慧.过程控制.北京：清华大学出版社，1993.

[29] 翁维勤，孙洪程.过程控制系统及工程.北京：化学工业出版社，2002.

[30] 杜维，张宏建，等.过程检测技术及仪表.北京：化学工业出版社，1999.

[31] 刘昱明，李元，李浩，等.基于换热器动态模型的 PID 模拟控制研究.计算机仿真，2022，39（5）：229-233.

［32］ 何适生.热工参数测量及仪表.北京：水利电力出版社，1990.

［33］ 张秀彬.热工测量原理及其现代技术.上海：上海交通大学出版社，1995.

［34］ 吕崇德.热工参数测量与处理.北京：清华大学出版社，2001.

［35］ 赵玉珠.测量仪表与自动化.东营：石油大学出版社，1997.

［36］ 丁敦敦.精细化工过程控制技术及其发展趋势.化工管理，2021（24）：53-54.

［37］ 慎大刚，余国贞.化工自动化及仪表.杭州：浙江大学出版社，1991.

［38］ 袁去惑，孙吉星.热工测量及仪表.北京：水利电力出版社，1988.

［39］ 吴文德.热工测量及仪表.北京：中国电力出版社，2000.

［40］ 李志龙，陈小琛，翟黎明，等.基于能量匹配的汽汽换热器投退逻辑控制研究.能源科技，2022，20
（2）：39-43.

［41］ 程大亨.热工过程检测仪表.北京：中国电力出版社，1997.

［42］ 谢剑英.微型计算机控制原理.北京：国防工业出版社，1992.

［43］ 陈金醮.计算机控制技术.长沙：中南工业大学出版社，1990.

［44］ 王锦标，方崇智.过程计算机控制.北京：清华大学出版社，1992.

［45］ 陈炳和.计算机控制系统基础.北京：北京航空航天大学出版社，2001.

［46］ 邓文宇，齐丽君，王光玉，等.中国高端真空泵驱动电机及控制技术的现状和发展.电机与控制应
用，2020，47（7）：1-8.

［47］ 王慧.计算机控制系统.北京：化学工业出版社，2005.

［48］ 夏扬.计算机控制技术.北京：机械工业出版社，2004.

［49］ 刘海龙，张黎君，岳瑞丰，等.聚乙烯生产过程中先进过程控制技术最新研究进展.合成树脂及塑
料，2022，39（4）：77-81.

［50］ 周志成.石油化工仪表及自动化.北京：中国石化出版社，2001.

［51］ 李吉林.90国际温标——常用热电偶、热电阻分度表.北京：中国计量出版社出版，1998.

［52］ 桂华，张定宇.空压机组和柴油消防泵组控制回路改造.电力安全技术，2022，24（2）：49-52.